AGA_A_0409_02. Determinación de la fauna perjudicial y beneficiosa para los vegetales

Beatriz Coronado García

ic editorial

AGA_A_0409_02. Determinación de la fauna perjudicial y beneficiosa para los vegetales
© Beatriz Coronado García

1ª Edición

© IC Editorial, 2026

Editado por: IC Editorial
c/ Cueva de Viera, 2, Local 3
Centro Negocios CADI
29200 Antequera (Málaga)
Teléfono: 952 70 60 04
Fax: 952 84 55 03
Correo electrónico: iceditorial@iceditorial.com
Internet: www.iceditorial.com

ISBN: 979-13-7027-198-5
Depósito Legal: MA 602-2026

Impresión: PODiPrint
Impreso en Andalucía – España

Nota de la editorial: IC Editorial pertenece a Innovación y Cualificación S. L.

Presentación del manual

El **Certificado Profesional,** anteriormente llamado Certificado de Profesionalidad, constituye el Grado C en el Sistema de Formación Profesional, asociado a un perfil profesional. Acredita la capacitación para el desarrollo de una actividad profesional concreta a través de las competencias adquiridas. Tiene carácter parcial y acumulable cuando existan Ciclos Formativos (Grado D) en los que sus módulos profesionales se encuentren contenidos en su totalidad o en parte.

El elemento mínimo acreditable es el **Estándar de Competencia.** La suma de las acreditaciones de los Estándares de Competencia conforma la acreditación del **Módulo Profesional** (Grado B).

Un Estándar de Competencia se define como una agrupación de tareas productivas que realiza el profesional. Los diferentes Estándares de Competencia de un Certificado Profesional conforman la **Competencia General.** Definiendo el conjunto de conocimientos y capacidades que permiten el ejercicio de una actividad profesional determinada.

Cada Estándar o Estándares de Competencia lleva asociado un Módulo Profesional, donde se describe la formación necesaria para adquirir ese Estándar de Competencia, pudiendo dividirse en **Bloques Formativos** (Grado A).

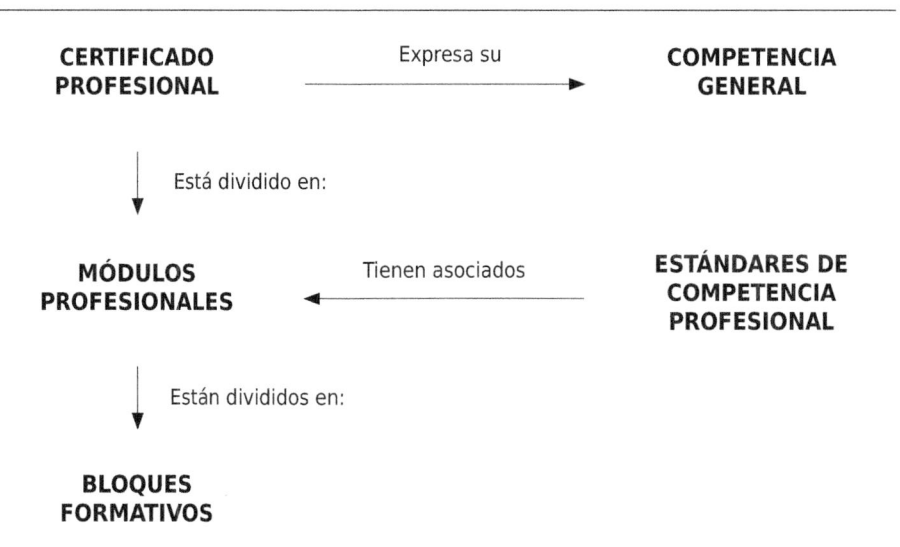

El presente manual desarrolla el Bloque Formativo **AGA_A_0409_02. Determinación de la fauna perjudicial y beneficiosa para los vegetales,**

Perteneciente al Módulo Profesional **AGA_B_0409. Principios de sanidad vegetal,**

Asociado al Estándar/Estándares de Competencia:

⇨ **UC0525_2:** Controlar las plagas, enfermedades, malas hierbas y fisiopatías,

del Certificado Profesional **AGA_C_008_4B. Sanidad vegetal y control fitosanitario.**

AGA_A_0409_02 **DETERMINACIÓN DE LA FAUNA PERJUDICIAL Y BENEFICIOSA PARA LOS VEGETALES**	Tiene asociado el ◄———	**ESTÁNDAR DE COMPETENCIA** **UC0525_2**

Compuesto de los siguientes
BLOQUES FORMATIVOS

TÍTULOS

AGA_A_0409_01. Caracterización de la vegetación espontánea no deseada

AGA_A_0409_02. Determinación de la fauna perjudicial y beneficiosa para los vegetales — Contenidos desarrollados en este manual

AGA_A_0409_03. Determinación de los agentes beneficiosos y los que provocan enfermedades y daños que afectan a las plantas

AGA_A_0409_04. Determinación del estado sanitario de las plantas

AGA_A_0409_05. Caracterización de los métodos de protección para las plantas

FICHA DE CERTIFICADO PROFESIONAL

AGA_C_008_4B. SANIDAD VEGETAL Y CONTROL FITOSANITARIO
(Real Decreto 207/2025, de 18 de marzo)

COMPETENCIA GENERAL: Realizar actividades de control de plagas, enfermedades, malas hierbas y fisiopatías en cultivos y masas forestales cumpliendo con la normativa medioambiental, de control de calidad y de prevención de riesgos laborales.

Estándares de Competencias Profesionales		Ocupaciones o puestos de trabajo relacionados
UC0525_2	Controlar las plagas, enfermedades, malas hierbas y fisiopatías.	• Aplicadores/as de productos fitosanitarios.

Correspondencia con el Catálogo Modular de Formación Profesional		
Módulos profesionales	**Bloques formativos**	**Horas**
AGA_B_0409. Principios de sanidad vegetal (100 h)	AGA_A_0409_01. Caracterización de la vegetación espontánea no deseada	20
	AGA_A_0409_02. Determinación de la fauna perjudicial y beneficiosa para los vegetales	20
	AGA_A_0409_03. Determinación de los agentes beneficiosos y los que provocan enfermedades y daños que afectan a las plantas	20
	AGA_A_0409_04. Determinación del estado sanitario de las plantas	20
	AGA_A_0409_05. Caracterización de los métodos de protección para las plantas	20
AGA_B_0479. Control fitosanitario (160 h)	AGA_A_0479_01. Determinación de los productos químicos fitosanitarios que se deben aplicar	25
	AGA_A_0479_02. Almacenamiento y manipulación de los productos químicos fitosanitarios.	25
	AGA_A_0479_03. Aplicación de métodos físicos, biológicos y/o biotécnicos	20
	AGA_A_0479_04. Preparación de productos químicos fitosanitarios	25
	AGA_A_0479_05. Aplicación de productos químicos fitosanitarios	25
	AGA_A_0479_06. Reconocimiento de los riesgos derivados de la utilización de productos químicos fitosanitarios en función de su composición y mecanismos de acción	20
	AGA_A_0479_07. Cumplimiento de las normas de prevención de riesgos laborales y de protección ambiental	20
1732. Nivel básico de Prevención de riesgos laborales		50

Índice

OBJETIVOS GENERALES

Los objetivos generales del **AGA_A_0409_02. Determinación de la fauna perjudicial y beneficiosa para los vegetales,** son los siguientes:

- ➲ Ubicar los seres vivos perjudiciales y beneficiosos en una clasificación general.
- ➲ Identificar las características morfológicas de invertebrados, aves y mamíferos más significativos.
- ➲ Describir la fisiología de la fauna perjudicial y beneficiosa.
- ➲ Diferenciar los órdenes de insectos y ácaros perjudiciales y beneficiosos de las plantas.
- ➲ Realizar un insectario con los órdenes más característicos.
- ➲ Reconocer los síntomas y daños producidos por la fauna perjudicial en las plantas.
- ➲ Identificar la fauna perjudicial que ha provocado los síntomas o daños en las plantas.
- ➲ Relacionar el ciclo biológico de la fauna que puede provocar plaga con las condiciones ambientales y la fenología de la planta.

Clasificación y características de la fauna perjudicial y beneficiosa

Unidad de aprendizaje 1

Clasificación y
características de la
fauna perjudicial y
beneficiosa

Contenido

1. Introducción
2. Clasificación de los seres vivos perjudiciales y beneficiosos
3. Invertebrados, aves y mamíferos más significativos
4. Fisiología de la fauna perjudicial y beneficiosa
5. Órdenes de insectos y ácaros de interés agrícola
6. Comportamiento de dispersión de la fauna perjudicial y beneficiosa
7. Resumen

Objetivos

Los objetivos específicos de esta Unidad de Aprendizaje son:

→ Identificar la clasificación general de los seres vivos relacionados con los vegetales, distinguiendo entre fauna perjudicial y beneficiosa.

→ Reconocer las principales características morfológicas de invertebrados, aves y mamíferos de interés agrícola.

→ Describir los aspectos fisiológicos básicos de la fauna perjudicial y beneficiosa.

→ Diferenciar los órdenes de insectos y ácaros relevantes por su efecto sobre las plantas.

→ Analizar los comportamientos de dispersión de las especies en el entorno agrícola.

1. Introducción

La fauna que habita los ecosistemas agrícolas es mucho más diversa de lo que parece a simple vista. En un mismo cultivo pueden convivir insectos, ácaros, aves, mamíferos y otros invertebrados que influyen directamente en la salud y el rendimiento de las plantas. Algunos dañan hojas, frutos o raíces; otros, en cambio, ayudan a controlar poblaciones perjudiciales o facilitan procesos tan esenciales como la polinización.

Comprender cómo se clasifican estos organismos, cuáles son sus características morfológicas y fisiológicas y cómo se comportan dentro del agro-ecosistema permite tomar decisiones de manejo más precisas y respetuosas con el medio. Cada grupo —insectos, ácaros, aves, micromamíferos— presenta rasgos propios que determinan su relación con los cultivos: unos actúan como plaga, otros como depredadores naturales y otros se mueven por el entorno dispersándose según la disponibilidad de alimento o refugio.

A lo largo de este contenido acompañaremos a Diego, un joven técnico agrícola que acaba de incorporarse al manejo de una explotación de frutales y hortícolas. En sus primeras semanas de trabajo se enfrenta a insectos desconocidos, pequeños mamíferos que aparecen cerca del riego y aves que visitan los cultivos cada mañana. Con ayuda de guías de identificación y observaciones en campo, Diego aprenderá a reconocer qué especies deben vigilarse y cuáles conviene proteger para mantener el equilibrio ecológico.

2. Clasificación de los seres vivos perjudiciales y beneficiosos

 HILO CONDUCTOR

En sus primeras inspecciones, Diego observa hojas mordidas, flores perforadas y algunos insectos que no logra identificar. Al mismo tiempo, descubre pequeños himenópteros que parecen alimentarse de otros insectos. Su tutora le explica que antes de decidir cualquier acción debe entender cómo se clasifica la fauna del agroecosistema y diferenciar qué organismos generan daños y cuáles ofrecen funciones beneficiosas.

La fauna presente en los cultivos forma parte de un conjunto organizado de seres vivos que interactúan entre sí y con las plantas.

Para entender su papel dentro del agroecosistema, es fundamental realizar una **clasificación general** que permita distinguir entre organismos perjudiciales y organismos beneficiosos:

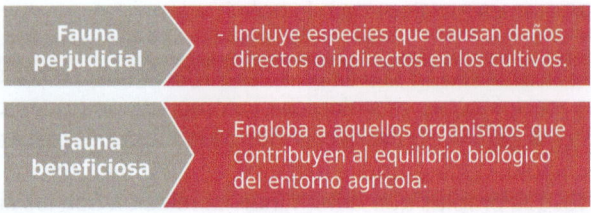

| Fauna perjudicial | - Incluye especies que causan daños directos o indirectos en los cultivos. |
| Fauna beneficiosa | - Engloba a aquellos organismos que contribuyen al equilibrio biológico del entorno agrícola. |

2.1. Concepto de clasificación biológica

La **clasificación biológica** es el sistema que se utiliza para organizar a los seres vivos en grupos según sus características comunes. Este sistema permite ordenar la diversidad del mundo natural para entender mejor cómo se relacionan las especies entre sí.

En agricultura, esta clasificación es especialmente útil porque ayuda a identificar rápidamente si un organismo es un insecto, un ácaro, un ave o un mamífero; y, además, permite saber si su presencia resulta perjudicial, beneficiosa o neutra para el cultivo.

2.2. Grupos de seres vivos: reino animal y su relación con los vegetales

El **reino animal** incluye a todos los organismos que se alimentan de materia orgánica y presentan algún tipo de movilidad en alguna fase de su vida. En un entorno agrícola, estos animales interactúan de forma constante con los **vegetales,** ya sea como fuente de alimento, como refugio o como parte de su ciclo de vida.

Estas interacciones pueden ser de dos **tipos:**

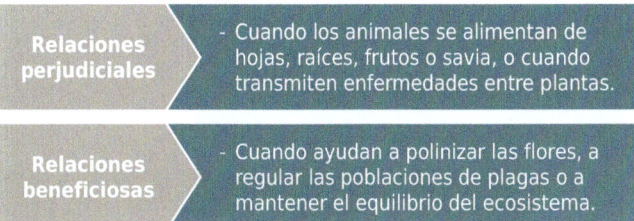

| Relaciones perjudiciales | - Cuando los animales se alimentan de hojas, raíces, frutos o savia, o cuando transmiten enfermedades entre plantas. |
| Relaciones beneficiosas | - Cuando ayudan a polinizar las flores, a regular las poblaciones de plagas o a mantener el equilibrio del ecosistema. |

2.3. Fauna perjudicial (biología)

La **fauna perjudicial** está formada por aquellos animales que provocan daños directos o indirectos en las plantas cultivadas.

Se incluyen aquí:

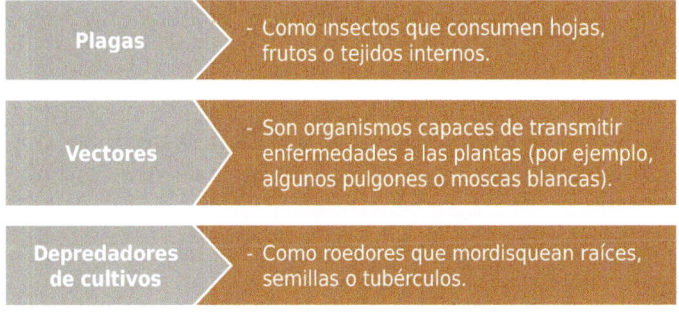

Plagas	- Como insectos que consumen hojas, frutos o tejidos internos.
Vectores	- Son organismos capaces de transmitir enfermedades a las plantas (por ejemplo, algunos pulgones o moscas blancas).
Depredadores de cultivos	- Como roedores que mordisquean raíces, semillas o tubérculos.

IMPORTANTE

Estos organismos pueden reducir el crecimiento, el rendimiento o la calidad del cultivo. Su presencia debe vigilarse para evitar que superen niveles que provoquen pérdidas económicas.

2.4. Fauna beneficiosa (biología)

La **fauna beneficiosa** está compuesta por animales que ayudan a mantener el equilibrio del agroecosistema.

Entre ellos se encuentran:

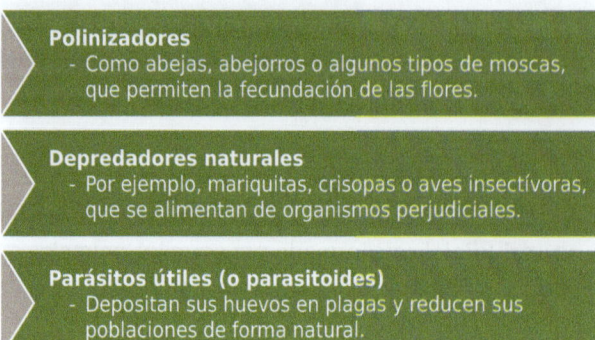

Polinizadores
- Como abejas, abejorros o algunos tipos de moscas, que permiten la fecundación de las flores.

Depredadores naturales
- Por ejemplo, mariquitas, crisopas o aves insectívoras, que se alimentan de organismos perjudiciales.

Parásitos útiles (o parasitoides)
- Depositan sus huevos en plagas y reducen sus poblaciones de forma natural.

NOTA

El papel de esta fauna es esencial en la agricultura sostenible, ya que contribuye al control biológico y reduce la dependencia de métodos químicos.

VÍDEO

El vídeo titulado *Aliados de las Plantas / Fauna Ibérica*, producido por RTVE, aborda la íntima relación de cooperación entre la flora y la fauna de la península ibérica: muestra cómo diversos animales —insectos, aves, mamíferos— ayudan a las plantas en procesos clave como la polinización y la dispersión de semillas, y simultáneamente cómo estas plantas proporcionan alimento, refugio y oportunidades de reproducción a esos animales.

Accede al vídeo desde aquí:

Continúa en página siguiente >>

<< Viene de página anterior

https://redirectoronline.com/0409020101

 TAREA 1

Trabajas en una finca agrícola donde debes registrar los distintos organismos que aparecen en el cultivo.

Durante tus observaciones, ves insectos sobre las hojas, pequeños mamíferos cerca del suelo y aves que revolotean entre los frutales.

Tu tarea consiste en clasificar los seres vivos observados según su papel dentro del agroecosistema, diferenciando cuáles resultan perjudiciales y cuáles son beneficiosos para el cultivo.

Clasifica los siguientes organismos en fauna perjudicial o fauna beneficiosa:

- Pulgones
- Abejas
- Topillos
- Mariquitas
- Golondrinas
- Orugas
- Ácaros depredadores
- Moscas blancas

Explica brevemente por qué algunos animales se consideran beneficiosos aunque también se alimenten de otros seres vivos.

Indica por qué es importante identificar correctamente estos grupos antes de aplicar medidas de control en el cultivo.

3. Invertebrados, aves y mamíferos más significativos

☞ HILO CONDUCTOR

Durante un recorrido de campo, Diego encuentra rastros muy distintos: hojas minadas, galerías en el suelo y frutos picados. También ve un erizo en los lindes y varias aves sobrevolando la parcela. Comprende que la fauna agrícola no se limita a insectos y que invertebrados, aves y mamíferos interactúan constantemente con los cultivos.

En el medio agrícola conviven numerosos grupos de fauna que presentan características morfológicas muy diferentes.

Conocer sus **rasgos generales** ayuda a identificarlos y a comprender su papel dentro del cultivo:

Invertebrados
- Los invertebrados son animales que no tienen columna vertebral; incluyen insectos y ácaros, y pueden ser perjudiciales o beneficiosos según su función en el cultivo.

Aves
- Las aves son animales vertebrados con plumas, pico y, normalmente, capacidad de vuelo. Pueden causar daños o ayudar al cultivo según su alimentación.

Mamíferos
- Los mamíferos son animales vertebrados que presentan pelo y suelen alimentar a sus crías con leche; algunos perjudican al cultivo al alimentarse de plantas, mientras que otros ayudan controlando insectos.

3.1. Invertebrados de interés agrícola: insectos, ácaros, moluscos y nematodos

Los **invertebrados** representan el grupo más diverso dentro del agroecosistema.

Dentro de este conjunto destacan varios **tipos** con gran relevancia agrícola:

- **Insectos.** Incluyen especies muy variables, como pulgones, orugas, escarabajos, moscas o mariposas. Pueden ser perjudiciales si se alimentan de hojas, frutos o savia, pero también beneficiosos cuando actúan como polinizadores o depredadores naturales. Su cuerpo, dividido en cabeza, tórax y abdomen, junto con la presencia de antenas y seis patas, facilita su identificación.
- **Ácaros.** Son organismos diminutos, invisibles a simple vista en muchos casos. Algunos, como la araña roja, causan daños en hojas y frutos al alimentarse de la savia; otros actúan como aliados al depredar especies perjudiciales. Su cuerpo compacto y sus ocho patas los diferencian de los insectos.
- **Moluscos.** Caracoles y babosas son los moluscos de mayor presencia en el campo. Suelen alimentarse de hojas tiernas y brotes, especialmente en zonas húmedas. Dejan rastros de baba y perforaciones irregulares en las plantas.
- **Nematodos.** Son gusanos microscópicos que viven en el suelo. Algunas especies atacan raíces y generan formaciones anómalas conocidas como agallas, lo que debilita el crecimiento de las plantas.

3.2. Aves insectívoras y granívoras: ejemplos y su papel en el equilibrio ecológico

Las **aves** están presentes en la mayoría de los ecosistemas agrícolas y desempeñan funciones muy variadas.

En agricultura suelen distinguirse dos grandes grupos por su influencia directa en los cultivos: las **aves insectívoras** y las **aves granívoras.** No obstante, existen otros tipos relevantes que también intervienen en el equilibrio del agroecosistema:

- **Aves insectívoras:**

  - Se alimentan principalmente de insectos.
  - Entre las especies más habituales se encuentran los herrerillos, carboneros, golondrinas o vencejos.
  - Ayudan a reducir poblaciones de plagas al consumir grandes cantidades de insectos a lo largo del día.
  - Su presencia favorece el equilibrio ecológico y complementa las estrategias de control biológico.

- **Aves granívoras:**

  - Consumen semillas o granos, lo que puede generar daños en cultivos recién sembrados o en frutos en maduración.
  - Ejemplos frecuentes son gorriones, palomas o tórtolas.
  - Aunque pueden causar perjuicios, también participan en la dispersión natural de semillas y contribuyen al funcionamiento ecológico del entorno.
  - El tipo de pico ofrece pistas sobre su dieta: un pico fino se asocia a aves insectívoras; uno más corto y robusto suele indicar que son granívoras.

- **Otros grupos relevantes.** Además de insectívoras y granívoras, existen otras aves cuya actividad influye directamente en el cultivo y en la dinámica de plagas:

  - **Aves frugívoras:** consumen frutos y pueden ocasionar daños en cultivos de huerta o frutales.
  - **Rapaces carnívoras:** se alimentan de roedores y otras presas, contribuyendo al control natural de vertebrados perjudiciales.

3.3. Mamíferos comunes en entornos agrícolas: topillos, ratones, murciélagos, erizos

Comprender qué **mamíferos** están presentes en un cultivo ayuda a evaluar si su actividad resulta beneficiosa, perjudicial o neutra.

Los mamíferos más frecuentes son:

- **Topillos y ratones.** Son pequeños roedores que pueden producir daños al alimentarse de raíces, semillas, tubérculos o cortezas.
  Algunos de sus **efectos positivos** son:

  - Sirven de alimento para depredadores naturales (rapaces, zorros, mustélidos), contribuyendo al equilibrio ecológico.
  - Su actividad de excavación puede airear el suelo en pequeñas proporciones.

  Sus **efectos negativos** más importantes son:

  - Daños directos al alimentarse de raíces, semillas, tubérculos y cortezas.
  - Creación de galerías que afectan al sistema radicular de las plantas.
  - Pueden transmitir enfermedades a cultivos y ganado.

⊃ **Murciélagos insectívoros.** Son mamíferos voladores que se alimentan de insectos durante la noche.
Algunos de sus **efectos positivos** son:

◔ Consumen grandes cantidades de insectos nocturnos (polillas, mosquitos, escarabajos), reduciendo plagas agrícolas.
◔ Favorecen el control biológico sin necesidad de pesticidas.
◔ Contribuyen a la biodiversidad y al equilibrio de los ecosistemas.

Sus **efectos negativos** más importantes son:

◔ En general, muy pocos; ocasionalmente pueden ocupar construcciones humanas, generando molestias.
◔ Riesgo mínimo de transmisión de patógenos, aunque su papel en agricultura es mayoritariamente beneficioso.

⊃ **Erizos.** Son pequeños mamíferos terrestres que se alimentan principalmente de insectos, caracoles y otros invertebrados.
Algunos de sus **efectos positivos** son:

◔ Se alimentan de insectos, caracoles y otros invertebrados que dañan cultivos, reduciendo plagas en el suelo.
◔ Contribuyen al equilibrio ecológico y a la diversidad de fauna auxiliar.

Sus **efectos negativos** más importantes son:

◔ Pueden consumir pequeños frutos caídos, reduciendo parte de la producción aprovechable.
◔ En casos de sobrepoblación, podrían competir con otras especies insectívoras.

Además, hay más mamíferos que interactúan con los cultivos y que conviene considerar porque su impacto puede ser beneficioso, perjudicial o neutro:

Conejos y liebres	- **Impacto negativo:** se alimentan de brotes tiernos, cortezas y raíces, causando daños en huertos y plantaciones jóvenes. - **Impacto positivo:** su actividad de pastoreo puede mantener a raya la vegetación espontánea en márgenes.

Continúa en página siguiente >>

<< Viene de página anterior

Tejones	- **Impacto negativo:** pueden excavar madrigueras en cultivos y alimentarse de frutos o tubérculos. - **Impacto positivo:** también consumen insectos y pequeños vertebrados, contribuyendo al control de plagas.
Zorros	- **Impacto negativo:** en ocasiones pueden atacar aves de corral si no están protegidas. - **Impacto positivo:** controlan poblaciones de roedores y conejos, reduciendo daños indirectos en cultivos.
Ardillas	- **Impacto negativo:** pueden consumir frutos secos, semillas y brotes en huertos o plantaciones forestales. - **Impacto positivo:** favorecen la dispersión de semillas y regeneración de bosques.
Jabalíes	- **Impacto negativo:** remueven el suelo en busca de raíces, tubérculos o invertebrados, dañando cultivos y sistemas de riego. - **Impacto positivo:** su actividad de hozar contribuye a la aireación del suelo en zonas naturales, aunque en agricultura suele ser más perjudicial.

3.4. Morfología y fisiología

Cada grupo de fauna agrícola presenta **rasgos físicos** que permiten distinguirlos fácilmente.

Estas **características morfológicas** permiten identificarlos a simple vista o con ayuda de herramientas básicas de observación y facilitan la interpretación de su papel en el ecosistema agrícola:

ↄ **Invertebrados:**

ᴗ Carecen de columna vertebral y esqueleto interno.
ᴗ Los insectos presentan seis patas, antenas y, en muchos casos, alas que les permiten desplazarse y colonizar rápidamente los cultivos.
ᴗ Los ácaros y otros arácnidos poseen ocho patas, cuerpos pequeños y adaptaciones para vivir en hojas, tallos o el suelo.
ᴗ Se reconocen fácilmente por su tamaño reducido, la segmentación del cuerpo y la presencia de exoesqueleto.

⊃ **Aves:**

◊ Cubiertas de plumas, con un pico sin dientes adaptado a su dieta (insectos, semillas, frutos).

◊ Esqueleto ligero y alas que les permiten volar y desplazarse con rapidez entre parcelas agrícolas.

◊ Se distinguen por su canto, silueta en vuelo y la forma del pico, que revela su tipo de alimentación.

⊃ **Mamíferos:**

◊ Poseen pelo que protege su cuerpo y una estructura ósea robusta.

◊ La mayoría son terrestres, aunque algunos, como los murciélagos, han desarrollado alas membranosas que les permiten volar.

◊ Tienen dientes diferenciados (incisivos, caninos, molares) según su dieta.

◊ Se reconocen por su tamaño mayor respecto a aves e insectos, su movilidad terrestre y huellas en el suelo.

 **ACTIVIDAD 1**

Durante la salida de campo, Diego observa distintos organismos: pequeños insectos con antenas, un ave con pico fino cazando insectos y un mamífero de pelaje oscuro que deja huellas en la tierra húmeda. Aunque todos forman parte del mismo agroecosistema, cada grupo presenta características morfológicas propias que permiten distinguirlos a simple vista. Para avanzar en su evaluación, Diego debe identificar correctamente qué rasgos pertenecen a cada grupo animal. Lee las siguientes características y selecciona la opción que describe correctamente las diferencias morfológicas entre invertebrados, aves y mamíferos en el entorno agrícola.

- **Los invertebrados poseen plumas y pico; las aves tienen seis patas y antenas; los mamíferos carecen de pelo.**
- **Los invertebrados no tienen columna vertebral y presentan exoesqueleto; las aves tienen plumas y pico adaptado a su dieta; los mamíferos poseen pelo y dientes diferenciados según el tipo de alimentación.**
- **Los invertebrados son siempre perjudiciales; las aves siempre son beneficiosas; los mamíferos no interactúan con los cultivos.**

Continúa en página siguiente >>

<< Viene de página anterior

- **Las aves tienen ocho patas y caparazón; los mamíferos siempre vuelan; los invertebrados tienen esqueleto interno, igual que los vertebrados.**

---

4. Fisiología de la fauna perjudicial y beneficiosa

 HILO CONDUCTOR

Mientras examina una hoja afectada, Diego descubre larvas que parecen alimentarse sin descanso. Su tutora le explica que el comportamiento de cada especie depende de su fisiología: cómo respiran, cómo se alimentan, cómo se reproducen y en qué momento de su ciclo vital resultan más dañinas o útiles.

La **fisiología** estudia el funcionamiento interno de los organismos: cómo se alimentan, respiran, se reproducen y se adaptan a su entorno. Estos aspectos influyen directamente en el comportamiento de cada especie dentro del campo.

Los **organismos perjudiciales** suelen tener **ciclos de vida sincronizados** con las fases más sensibles del cultivo, lo que aumenta su impacto. Sus **ventajas biológicas** incluyen:

Alta velocidad de reproducción
- Las plagas pueden multiplicarse en muy poco tiempo, aumentando rápidamente su población.

Puesta de huevos en zonas protegidas
- Depositan los huevos en lugares seguros que dificultan su detección y eliminación.

Resistencia a condiciones ambientales adversas
- Son capaces de sobrevivir y mantenerse activas incluso en ambientes poco favorables.

Por otro lado, la **fauna beneficiosa** dispone de adaptaciones fisiológicas que le permiten actuar de forma eficaz como reguladora de plagas:

- **Adaptaciones fisiológicas útiles.** La fauna beneficiosa presenta características que le permiten regular de forma natural las poblaciones de plagas.
- **Depredadores con piezas bucales especializadas.** Algunos organismos poseen mandíbulas o estructuras diseñadas para capturar y consumir presas con eficacia.
- **Polinizadores con estructuras para transportar polen.** Muchas especies disponen de pelos, cavidades o superficies corporales que facilitan el traslado del polen entre flores.

4.1. Alimentación, respiración, reproducción y adaptación al entorno

Cada organismo presenta un **funcionamiento interno** específico que determina su comportamiento y su impacto sobre los cultivos.

Comprender el ciclo de vida de cada organismo es clave para planificar la vigilancia y aplicar medidas preventivas a tiempo:

- **Alimentación.** Define si el organismo daña o beneficia al cultivo.

  - Herbívoros → causan lesiones (masticar, perforar, succionar).
  - Depredadores → ayudan al control biológico natural.

- **Respiración.** Condiciona la movilidad y la dispersión.

  - Insectos (tráqueas) → alta movilidad y tolerancia térmica.
  - Aves y mamíferos (pulmones) → amplios desplazamientos y control de insectos.
  - Influye en los momentos de actividad según la temperatura.

- **Reproducción.** Determina la velocidad de incremento poblacional.

  - Plagas → ciclos cortos y muchas generaciones por temporada.
  - Beneficiosos → reproducción más lenta, requieren condiciones favorables.

⊃ **Adaptación al entorno.** Marca si la especie será ocasional o persistente.

    ◔ Mayor tolerancia ambiental → mayor riesgo de plaga estable.
    ◔ Algunos ácaros prosperan en ambientes cálidos y secos.
    ◔ Organismos beneficiosos suelen necesitar entornos más equilibrados.
    ◔ La adaptación favorece la dispersión y la colonización.

4.2. Ciclos de vida y su influencia en el desarrollo de plagas

El ciclo de vida describe las etapas que atraviesa una especie desde su nacimiento hasta su reproducción. En el caso de la fauna perjudicial, el ciclo de vida suele coincidir con momentos críticos del cultivo.

Muchas especies presentan una fase concreta en la que su impacto es mayor. En los insectos, la **fase larvaria** suele ser la más destructiva: las orugas, larvas de escarabajos o mosquitos minadores consumen grandes cantidades de tejido vegetal en poco tiempo. Estas larvas suelen coincidir con periodos en que la planta desarrolla **hojas tiernas, brotes nuevos o flores,** lo que agrava las pérdidas productivas.

Algunas especies perjudiciales han evolucionado para sincronizar su ciclo vital con **momentos favorables del clima:**

Eclosiones favorables
- Las eclosiones masivas coinciden con periodos cálidos y húmedos, que mejoran la supervivencia de las primeras etapas.

Dispersión por viento
- Los insectos que dependen del viento para dispersarse alcanzan la fase adulta en épocas con corrientes más estables.

Ciclos acelerados en calor
- En zonas mediterráneas, muchas plagas completan ciclos más cortos en primavera y verano debido al aumento de las temperaturas.

IMPORTANTE

Esta sincronización hace que su población pueda multiplicarse rápidamente sin interrupciones.

- -

Las especies con ciclos de vida **muy cortos** generan varias generaciones en un mismo periodo agrícola.

Cada generación puede incrementar el nivel de daño si no se detecta a tiempo. Por ejemplo:

Generaciones continuas
- Pulgones, mosca blanca y trips pueden desarrollar numerosas generaciones entre primavera y otoño.

Aumento progresivo
- Algunos lepidópteros completan tres o más ciclos, cada uno más numeroso que el anterior si las condiciones son favorables.

La acumulación de generaciones provoca **crecimientos explosivos de población,** especialmente en cultivos intensivos o en invernaderos. Conocer las fases del ciclo de vida permite:

- ⤳ **Planificar la monitorización.** Identificando momentos clave para colocar trampas o realizar muestreos.
- ⤳ **Aplicar medidas preventivas.** Antes de que la fase dañina alcance su pico.
- ⤳ **Elegir el método de control más adecuado.** Ya que algunos tratamientos solo son eficaces en fases concretas (por ejemplo, insecticidas ovicidas o productos que actúan sobre larvas jóvenes).
- ⤳ **Favorecer a los organismos beneficiosos.** Ajustando las prácticas agrícolas para evitar interferir en sus ciclos reproductivos.

4.3. Estrategias fisiológicas de especies beneficiosas (control biológico, polinización)

La fauna beneficiosa tiene características en su cuerpo y en su forma de funcionar que la convierten en una ayuda directa para el cultivo.

Estas estrategias fisiológicas les permiten **controlar plagas** o **favorecer la producción** sin necesidad de productos químicos.

- **Control biológico.** El control biológico es una forma natural de reducir las plagas usando a sus propios enemigos.

  - **Depredadores adaptados:** muchos depredadores naturales tienen piezas bucales especiales para capturar y comerse a otros insectos. Esto los convierte en aliados del agricultor porque reducen plagas de manera natural.
  - **Parasitoides eficaces:** algunos insectos parasitoides ponen sus huevos dentro del cuerpo de una plaga. Cuando las larvas nacen, se alimentan del insecto perjudicial, disminuyendo su población sin intervención química.

- **Polinización.** La polinización es el proceso por el cual el polen pasa de una flor a otra para que pueda formarse un fruto o una semilla.

  - **Cuerpos preparados para transportar polen:** polinizadores como abejas, abejorros o algunas moscas tienen pelos, cavidades o zonas pegajosas que facilitan que el polen se adhiera a su cuerpo y se transporte entre flores.
  - **Mejora del fruto y la semilla:** gracias a estas adaptaciones, los polinizadores ayudan a que las plantas formen frutos y semillas, aumentando tanto la producción como la calidad del cultivo.

 TAREA 2

Trabajas en una finca agrícola y realizas observaciones en diferentes parcelas. En una de ellas encuentras hojas mordidas por orugas, en otra detectas pulgones succionando savia y en los frutales observas abejas y mariquitas.

Te piden que expliques brevemente qué características fisiológicas hacen que unos organismos resulten perjudiciales para el cultivo y otros beneficiosos.

Continúa en página siguiente >>

<< Viene de página anterior

- Describe cómo se alimentan los insectos perjudiciales y cómo esta forma de nutrición afecta a las plantas.
- Explica qué adaptaciones fisiológicas tienen los organismos beneficiosos que les permiten actuar como aliados naturales del agricultor.
- Indica por qué conocer la respiración y reproducción de estas especies ayuda a planificar medidas de control y protección del cultivo.

----

5. Órdenes de insectos y ácaros de interés agrícola

☞ HILO CONDUCTOR

Un día, Diego recibe varias trampas cromotrópicas con decenas de insectos capturados. Al ver tanta variedad, se da cuenta de que identificar una "plaga" no basta: debe aprender a reconocer los órdenes de insectos y ácaros más relevantes en agricultura.

Los **insectos** y los **ácaros** constituyen dos de los grupos más relevantes en agricultura. Su enorme diversidad hace necesario clasificarlos en órdenes que comparten características comunes, como el tipo de alas, la metamorfosis o las piezas bucales.

Algunos órdenes, como los **coleópteros** o los **lepidópteros,** incluyen especies que pueden causar daños importantes en hojas, flores o frutos. Otros, como los **himenópteros,** aportan beneficios significativos gracias a los parasitoides y polinizadores que albergan.

En el caso de los **ácaros,** existen familias que actúan como plaga y otras que contribuyen a la regulación natural de especies fitófagas. Para distinguirlos, se recurre a sus rasgos microscópicos, hábitos alimentarios y comportamiento en la planta.

5.1. Principales órdenes de insectos perjudiciales: coleópteros, lepidópteros, dípteros, hemípteros

Estos **órdenes** incluyen algunas de las plagas más frecuentes en la agricultura, cada una con formas de daño características y ciclos de vida particulares.

A continuación, se exponen sus **características** en detalle:

- **Coleópteros.** Los coleópteros son insectos conocidos como escarabajos. Se identifican por sus élitros, que son alas anteriores endurecidas que protegen el cuerpo.

  - Muchas especies atacan hojas, tallos, semillas o raíces.
  - Las larvas pueden vivir en el suelo o dentro de los tejidos de las plantas.

  Ejemplos comunes en cultivos incluyen el escarabajo de la patata o el gorgojo.

- **Lepidópteros.** Los lepidópteros incluyen mariposas y polillas.

  - Los adultos suelen alimentarse de néctar, pero las larvas (orugas) son las verdaderas responsables del daño.
  - Las orugas mastican hojas, perforan frutos o se introducen en brotes tiernos.

  Es un orden especialmente relevante por la capacidad de sus larvas de consumir gran cantidad de tejido vegetal.

- **Dípteros.** Los dípteros son insectos de dos alas, como moscas y mosquitos.

  - Algunas larvas pueden vivir en el suelo, dentro de frutos o en tejidos en descomposición.
  - Otras especies actúan como minadoras, creando túneles dentro de las hojas.

  También se incluyen moscas que actúan como vectores de enfermedades en cultivos hortícolas y frutales.

- **Hemípteros.** Los hemípteros agrupan especies con piezas bucales perforadoras y chupadoras, como pulgones, moscas blancas, chinches o cochinillas.

  - Se alimentan succionando la savia de las plantas.
  - Pueden transmitir virus vegetales.

Su rápida reproducción y su capacidad para colonizar hojas jóvenes los convierten en plagas frecuentes.

5.2. Órdenes de insectos y ácaros beneficiosos: himenópteros, neurópteros, ácaros fitoseidos

Como sabemos, no todos los insectos o ácaros que aparecen en el cultivo son perjudiciales. Muchas especies resultan **esenciales para mantener el equilibrio biológico.**

A continuación, se presentan algunos de los grupos más importantes dentro de la fauna beneficiosa:

- **Himenópteros.** Incluyen avispas parasitoides y abejas polinizadoras.

  - Las avispas parasitoides depositan sus huevos dentro o sobre otros insectos, reduciendo de forma natural las poblaciones de plagas.
  - Las abejas y abejorros facilitan la polinización, mejorando el cuajado de frutos y semillas.

- **Neurópteros.** Agrupan especies como las crisopas o león de las hormigas.

  - Las larvas de crisopa son depredadoras de pulgones, ácaros y larvas pequeñas.
  - Son muy valoradas en agricultura por su eficacia en el control natural de plagas.
  - Su aspecto delicado en fase adulta contrasta con la fuerte actividad depredadora de sus larvas.

- **Ácaros fitoseidos.** Los fitoseidos son una familia de ácaros depredadores.

  - Se alimentan de otros ácaros fitófagos, como la araña roja, o de pequeños insectos.
  - Son utilizados con frecuencia en control biológico, especialmente en invernaderos.
  - Su identificación requiere observación al microscopio por su pequeño tamaño.

5.3. Criterios de identificación básica en campo y laboratorio

Para reconocer los distintos órdenes y grupos de fauna agrícola es fundamental observar una serie de características visibles y patrones de comportamiento.

Estas claves permiten realizar una **identificación** inicial en el campo y, cuando es necesario, confirmarla posteriormente en laboratorio:

Estructura corporal
- La forma del cuerpo y el número de patas son determinantes: los insectos tienen seis patas, mientras que los ácaros poseen ocho, lo que ayuda a distinguirlos rápidamente.

Tipo de alas
- Las alas ofrecen mucha información. En los coleópteros son duras y resistentes, en los lepidópteros presentan escamas coloreadas, y los dípteros destacan por tener solo dos alas funcionales.

Piezas bucales especializadas
- Según el tipo de alimentación, los animales presentan piezas bucales masticadoras, chupadoras o perforadoras, lo que permite diferenciar grupos y anticipar el tipo de daño que pueden causar.

Metamorfosis y ciclo vital
- Los patrones de metamorfosis también son un criterio útil: algunas especies presentan metamorfosis completa (huevo, larva, pupa, adulto) y otras metamorfosis incompleta (huevo, ninfa, adulto). Cada patrón indica fases con comportamientos distintos.

Rastros y daños visibles
- La observación de lesiones características en hojas, frutos o raíces —galerías, manchas, mordeduras, deformaciones— puede revelar la presencia de determinados grupos incluso sin ver a los individuos.

Identificación en laboratorio
- Para estructuras muy pequeñas, como ácaros fitoseidos, es necesaria la observación al microscopio, donde se pueden distinguir rasgos que no son visibles a simple vista.

La siguiente tabla sirve como **guía técnica.** Cada criterio incluye indicadores concretos, rasgos diferenciales, observaciones clave y ejemplos precisos:

Criterio	Indicadores	Valor diagnóstico (qué revela)	Observaciones
Estructura corporal	- Número exacto de patas. - Segmentación del cuerpo (cabeza, tórax, abdomen). - Presencia o ausencia de antenas. - Forma del tórax (alargado, compacto, globoso). - Tipo de cutícula (blanda, quitinosa, rugosa).	- Distingue grupos principales: insectos, ácaros, larvas, ninfas.	- Las larvas de lepidópteros presentan pseudopatas abdominales. - Los ácaros muestran cuerpos redondeados sin diferenciación clara de segmentos. - Los pulgones suelen tener corniculos (tubitos traseros).
Tipo de alas	- Número de alas (dos o cuatro). - Textura: duras, membranosas, escamosas. - Disposición en reposo (tejado, planas, plegadas). - Presencia de halterios (órganos de equilibrio).	- Permite identificar órdenes completos; útil en adultos.	- Los coleópteros poseen élitros protectores. - Los lepidópteros tienen escamas que se desprenden fácilmente. - Los dípteros tienen halterios en lugar de segundo par de alas.
Piezas bucales	- Forma de las mandíbulas o estiletes. - Longitud de la probóscide. - Movimiento (masticador lateral o perforador vertical). - Presencia de labro, maxilas o estiletes succionadores.	- Relaciona directamente el tipo de daño con el insecto.	- Los trips poseen una boca asimétrica característica. - Los pulgones disponen de un estilete retráctil. - Las orugas tienen mandíbulas fuertes que dejan bordes irregulares en hojas.
Metamorfosis y ciclo vital	- Presencia o no de pupa. - Número de mudas. - Diferencias morfológicas entre fases. - Duración estimada de cada etapa según temperatura.	- Ayuda a predecir momentos de mayor daño.	- Especies con metamorfosis completa tienen fase larvaria muy dañina. - Las ninfas de metamorfosis incompleta ya parecen adultos y causan el mismo daño. - El desarrollo acelera con temperaturas altas (regla Q10).

Continúa en página siguiente >>

<< Viene de página anterior

Criterio	Indicadores	Valor diagnóstico (qué revela)	Observaciones
Rastros y daños visibles	- Tipo de lesión: mordedura, punteado, raspado, galerías internas. - Coloración del daño (clorótico, necrótico). - Presencia de melaza, telarañas, serrín o excrementos. - Patrón de avance (en borde, puntiforme, en zonas protegidas).	- Permite detectar plagas sin verlas directamente.	- Los minadores dejan galerías serpenteantes con excrementos oscuros. - Los pulgones generan melaza pegajosa que atrae hongos negrilla. - La araña roja produce punteado fino y telarañas en envés.
Identificación en laboratorio	- Examen con lupa 20-40x. - Observación de setas, pelos, coloraciones específicas. - Forma de los tarsos, garras y antenas. - Conteo de segmentos o placas dorsales.	- Confirmación precisa de especies y familias.	- Los ácaros fitoseidos requieren ver setas dorsales y forma del escudo. - Los pequeños dípteros se diferencian por venación alar. - Huevos y pupas permiten saber el estado de la población.

✎ ACTIVIDAD 2

En agricultura conviven insectos y ácaros que pueden ser perjudiciales —como coleópteros, lepidópteros o ácaros fitófagos— y otros claramente beneficiosos —como himenópteros parasitoides, neurópteros o ácaros fitoseidos depredadores—.

¿Cuál de las siguientes afirmaciones describe correctamente la distinción entre órdenes perjudiciales y beneficiosos según sus características y su impacto en los cultivos?

- **Los coleópteros, al ser escarabajos con élitros duros, siempre actúan como organismos beneficiosos porque protegen a las plantas frente a patógenos.**

Continúa en página siguiente >>

<< Viene de página anterior

- **Los lepidópteros y hemípteros son beneficiosos en fase adulta y perjudiciales únicamente en fase larvaria, sin causar daños relevantes en hojas o frutos.**
- **Los himenópteros parasitoides y los neurópteros destacan como grupos beneficiosos, mientras que coleópteros, lepidópteros y hemípteros suelen concentrar las plagas más habituales en agricultura.**
- **Los ácaros fitófagos y los ácaros fitoseidos pertenecen al mismo grupo funcional, ya que ambos perforan hojas y provocan síntomas similares en las plantas.**

6. Comportamiento de dispersión de la fauna perjudicial y beneficiosa

☞ HILO CONDUCTOR

En una semana con vientos fuertes, Diego detecta que ciertos insectos aparecen en zonas donde antes no estaban. También observa mamíferos desplazándose por los bordes de riego y aves que se concentran en parcelas concretas. Se da cuenta de que la dispersión y el comportamiento animal determinan cómo y cuándo se propagan los daños o los beneficios.

El **comportamiento animal** y su **capacidad de desplazamiento** influyen directamente en cómo se distribuyen las poblaciones en el campo. La movilidad determina la velocidad con la que una plaga puede expandirse o, por el contrario, cómo un organismo beneficioso puede colonizar zonas afectadas.

NOTA

Entender estos patrones ayuda a predecir la aparición de daños, planificar sistemas de monitoreo y diseñar estrategias de manejo basadas en el comportamiento natural de cada especie.

6.1. Movilidad, vuelo, migraciones y desplazamientos

Cada grupo de fauna agrícola utiliza diferentes **formas de desplazamiento.**

La combinación de estos movimientos explica por qué un cultivo puede pasar de estar libre de plagas a presentar altas poblaciones en pocos días:

- ⮑ **Movilidad en el suelo.** Muchos invertebrados y mamíferos se desplazan caminando o excavando. Por ejemplo, los roedores pueden recorrer grandes distancias en busca de alimento y refugio, mientras que ciertos insectos avanzan entre hojas y tallos hasta encontrar nuevas zonas de hospedaje.
- ⮑ **Vuelo.** Numerosos insectos, como pulgones, moscas o mariposas, se desplazan mediante vuelo. Este tipo de movimiento permite que sus poblaciones lleguen rápidamente a nuevas parcelas, especialmente cuando existen corrientes de aire que facilitan el transporte.
- ⮑ **Migraciones y movimientos estacionales.** Algunas especies realizan desplazamientos más amplios según la época del año. Esto ocurre con ciertas aves, que se concentran en zonas con mayor disponibilidad de alimento, y con algunos insectos cuyas fases reproductivas coinciden con condiciones climáticas favorables.

6.2. Factores ambientales que influyen en la dispersión

La dispersión de la fauna agrícola depende en gran medida de las condiciones del entorno.

Los factores ambientales actúan como "señales" que indican a los organismos dónde encontrar alimento, refugio o condiciones adecuadas para reproducirse:

- **Temperatura.** La temperatura es uno de los factores que más condiciona el movimiento y el crecimiento de las poblaciones.

  - **Temperaturas cálidas:** aceleran el metabolismo, haciendo que insectos y ácaros se muevan más, busquen alimento con mayor frecuencia y completen su ciclo vital más rápido. Esto provoca más generaciones y, por tanto, mayor expansión.
    En especies aladas como pulgones, mosca blanca o lepidópteros, el calor favorece el vuelo y la colonización de nuevas plantas.
  - **Temperaturas bajas:** reducen drásticamente la movilidad, provocando que muchos organismos permanezcan ocultos y disminuya su capacidad de propagación.
    Por debajo de ciertos umbrales, algunos insectos entran en diapausa (estado de inactividad), interrumpiendo temporalmente su ciclo y limitando su dispersión.

- **Humedad.** La humedad relativa condiciona qué especies predominan y cómo se desplazan.

  - **Altas humedades:** las plagas que requieren altas humedades, como los caracoles, babosas o ciertos coleópteros, se desplazan más durante noches húmedas o tras lluvias.
    Los insectos chupadores como pulgones o mosca blanca aumentan su actividad en ambientes moderadamente húmedos, donde las plantas mantienen tejidos tiernos.
  - **Ambientes secos:** en cambio, especies como araña roja o trips prefieren ambientes secos, donde encuentran mejores condiciones para reproducirse y dispersarse rápidamente.
    La humedad también condiciona la supervivencia del huevo y de las larvas: ambientes demasiado secos provocan mortalidad en larvas pequeñas de lepidópteros, limitando su expansión.

- **Disponibilidad de plantas hospedadoras.** Ninguna especie se dispersa de forma aleatoria: buscan plantas que les sirvan de alimento o para colocar sus huevos.

  - **Atracción por brotes tiernos:** la presencia de hojas tiernas, brotes nuevos o frutos maduros actúa como un imán para plagas fitófagas.
  - **Migración por agotamiento del recurso:** cuando una planta se agota como recurso (hojas secas, daños intensos), la plaga migra a plantas cercanas.
  - **Búsqueda de hospedadores alternativos:** la ausencia de hospedadores adecuados obliga a especies móviles (pulgones alados, mariposas, mosca blanca) a desplazarse más lejos.

- ○ **Preferencias alimentarias:** algunos insectos muestran preferencias estrictas (por ejemplo, minadores de tomate o lepidópteros específicos), mientras que otros son polífagos y se dispersan hacia cualquier cultivo compatible.

- ⮑ **Estructura del cultivo y manejo.** La configuración física de la parcela influye en la facilidad con la que los animales se mueven entre plantas.

  - ○ **Avance en cultivos densos:** cultivos densos permiten que muchas plagas se desplacen sin exposición al sol o depredadores, lo que favorece su avance (orugas, trips, minadores).
  - ○ **Microclima por riego:** el tipo de riego modifica el microclima:

    - ⇕ **Riego por aspersión aumenta la humedad** → favorece hongos y plagas amantes de la humedad, pero puede dificultar el movimiento de ácaros.
    - ⇕ **Riego por goteo crea contrastes seco-húmedo** → pueden atraer o repeler especies según sus necesidades.

  - ○ **Malas hierbas como puente:** la presencia de malas hierbas actúa como puente o refugio, permitiendo que plagas sobrevivan y se trasladen al cultivo principal.
  - ○ **Corredores ecológicos:** setos, márgenes y estructuras cercanas funcionan como corredores ecológicos, facilitando la llegada de polinizadores y depredadores.

6.3. Impacto del comportamiento en la propagación de plagas o la acción beneficiosa

El comportamiento de cada especie influye directamente en cómo se distribuye dentro del cultivo y en si su presencia resulta perjudicial o útil para el agricultor.

Las **plagas** con alta capacidad de movimiento o con comportamientos gregarios pueden propagarse con gran rapidez:

Movilidad aérea
- Los pulgones alados pueden desplazarse y colonizar nuevas plantas en cuestión de horas, expandiendo el daño en poco tiempo.

Movilidad terrestre
- Las orugas móviles pasan fácilmente de una planta a otra, aumentando el área afectada.

Comportamiento de agregación
- Algunas especies se concentran en zonas cálidas o protegidas del cultivo, creando focos donde la plaga crece aún más rápido.

La **fauna** útil también depende de su comportamiento para cumplir su papel dentro del ecosistema:

- **Depredadores.** Necesitan una buena capacidad de búsqueda para localizar presas, desplazándose activamente entre hojas, tallos o flores. Su eficacia depende de su rapidez para encontrar colonias de plagas.
- **Polinizadores.** Deben visitar diferentes flores para recolectar néctar y polen. Este movimiento continuo permite la transferencia del polen y mejora la producción de frutos y semillas.
- **Parasitoides.** Buscan activamente insectos hospedadores donde depositar sus huevos, regulando de forma natural las poblaciones de plagas.

NOTA

Cuando estos comportamientos se favorecen —por ejemplo, mediante la presencia de refugios o plantas auxiliares—, la acción beneficiosa se multiplica.

El **comportamiento alimentario,** la elección del hábitat y las necesidades de refugio determinan qué especies dominan en un cultivo y cómo se equilibran entre sí.

 **EJEMPLO**

Un insecto que prefiere hojas tiernas se concentrará en brotes jóvenes.

Un ácaro que busca ambientes secos prosperará en zonas expuestas al sol.

Un depredador que necesita refugios utilizará márgenes, setos o cubiertas vegetales para establecer colonias.

Estas interacciones influyen directamente en el equilibrio del agroecosistema.

Comprender estos patrones comportamentales permite:

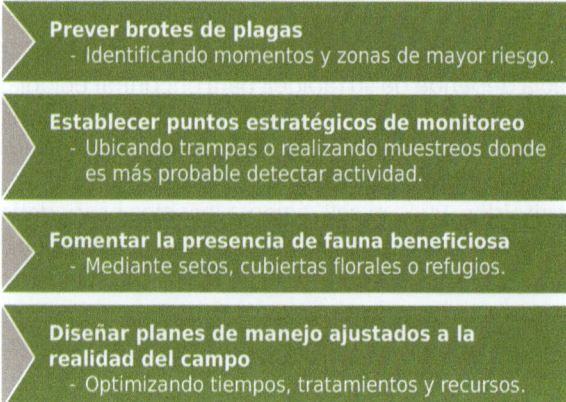

Prever brotes de plagas
- Identificando momentos y zonas de mayor riesgo.

Establecer puntos estratégicos de monitoreo
- Ubicando trampas o realizando muestreos donde es más probable detectar actividad.

Fomentar la presencia de fauna beneficiosa
- Mediante setos, cubiertas florales o refugios.

Diseñar planes de manejo ajustados a la realidad del campo
- Optimizando tiempos, tratamientos y recursos.

 ACTIVIDAD COMPLEMENTARIA

1. Reflexiona sobre cómo el comportamiento y los desplazamientos de los animales influyen en la aparición de plagas o en la acción beneficiosa de otras especies dentro del ecosistema agrícola. Analizar también cómo los factores ambientales y el manejo del cultivo pueden favorecer o limitar su propagación.

Continúa en página siguiente >>

<< Viene de página anterior

- ¿Por qué resulta importante conocer los patrones de movilidad y comportamiento de las especies agrícolas antes de aplicar medidas de control?
- Explica con tus palabras cómo influyen la temperatura, la humedad y la estructura del cultivo en la dispersión de plagas o fauna útil.
- ¿Qué estrategias podría aplicar un agricultor para favorecer la dispersión de especies beneficiosas y limitar la propagación de las perjudiciales?

7. Resumen

En los cultivos conviven muchos tipos de animales que pueden ser perjudiciales o beneficiosos según su alimentación, comportamiento y relación con las plantas. Los perjudiciales provocan daños al alimentarse de hojas, raíces, frutos o savia, o transmiten enfermedades; los beneficiosos contribuyen al equilibrio del ecosistema:

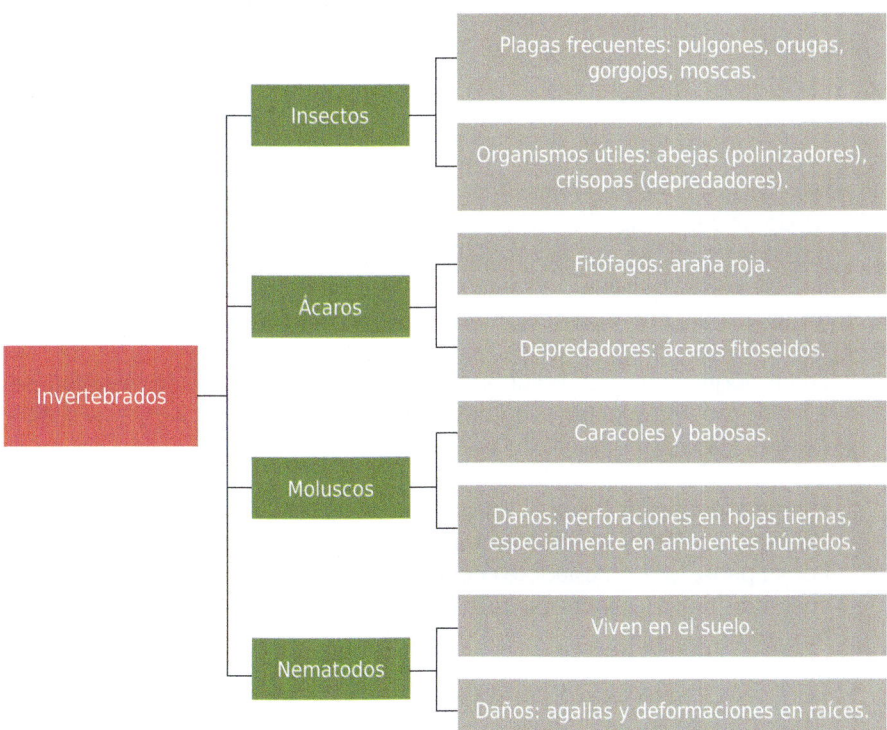

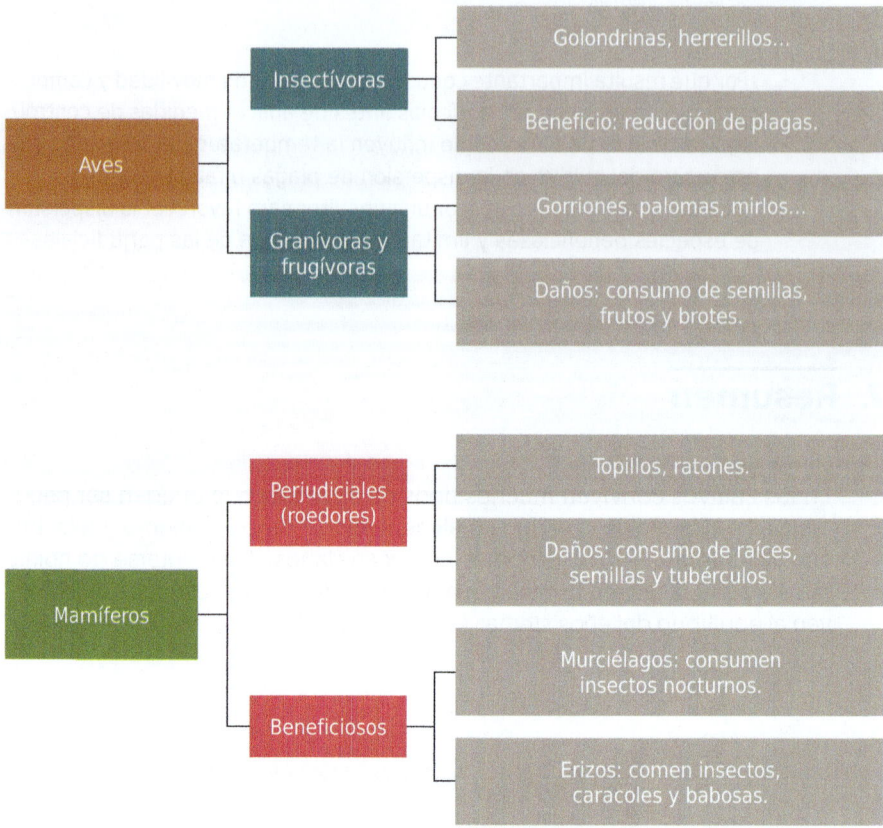

La identificación de estos organismos se basa en observar su estructura (número de patas, segmentación del cuerpo, presencia de antenas o alas), el tipo de piezas bucales y la metamorfosis, además de los rastros que dejan en las plantas, como galerías, mordeduras, punteados o melaza.

La fisiología explica su comportamiento: cómo se alimentan, respiran, se reproducen y se adaptan al entorno. El ciclo de vida de cada especie condiciona el tipo y el momento del daño.

El comportamiento también influye en su impacto. Las plagas pueden expandirse con facilidad si vuelan, caminan o se agrupan en zonas protegidas. Por su parte, los depredadores necesitan moverse entre hojas y tallos para encontrar presas, mientras que los polinizadores recorren flores para transferir polen.

La interacción entre fisiología, morfología, comportamiento y condiciones del entorno determina qué organismos actúan como plaga y cuáles favorecen la estabilidad del sistema agrícola.

Ejercicios de autoevaluación
Unidad de Aprendizaje 1

1. ¿Qué diferencia principal existe entre la fauna perjudicial y la fauna beneficiosa?

    a. Su tamaño corporal.
    b. Su coloración o morfología externa.
    c. El tipo de relación que mantienen con las plantas (daño o beneficio).
    d. La zona geográfica donde viven.

2. ¿Qué organismos se consideran fauna perjudicial en los cultivos agrícolas?

    a. Abejas, mariquitas y golondrinas
    b. Pulgones, orugas, topillos y moscas blancas
    c. Ácaros depredadores y crisopas
    d. Erizos y murciélagos

3. ¿Cuál de los siguientes grupos forma parte de la fauna beneficiosa?

    a. Vectores y depredadores de cultivos
    b. Orugas, pulgones y topillos
    c. Polinizadores, depredadores naturales y parasitoides útiles
    d. Nematodos fitófagos y babosas

4. Indica si las siguientes oraciones son verdaderas o falsas:

    a. Los insectos con seis patas y antenas pertenecen al grupo de los invertebrados.

        ■ Verdadero
        ■ Falso

    b. Las aves granívoras siempre son beneficiosas porque dispersan semillas.

        ■ Verdadero
        ■ Falso

c. Los mamíferos como el erizo o el murciélago pueden ayudar al control biológico.

- ■ Verdadero
- ■ Falso

5. ¿Qué característica permite identificar fácilmente a los invertebrados?

- a. Tienen columna vertebral.
- b. Respiran por pulmones.
- c. Carecen de esqueleto interno y presentan exoesqueleto segmentado.
- d. Alimentan a sus crías con leche.

6. Indica si las siguientes oraciones son verdaderas o falsas:

a. Las orugas y pulgones se consideran plagas por sus hábitos alimentarios herbívoros.

- ■ Verdadero
- ■ Falso

b. La fisiología de cada especie influye en su comportamiento y en su impacto sobre el cultivo.

- ■ Verdadero
- ■ Falso

c. Las plagas suelen tener ciclos de vida lentos y baja capacidad de reproducción.

- ■ Verdadero
- ■ Falso

7. ¿Qué adaptación fisiológica ayuda a los organismos perjudiciales a multiplicarse rápidamente?

- a. Respiración pulmonar
- b. Desplazamiento lento y selectivo
- c. Ciclos de vida cortos y alta velocidad de reproducción
- d. Dependencia de una sola planta hospedadora

8. ¿Qué grupos de insectos incluyen la mayoría de las plagas agrícolas?

    a. Coleópteros, lepidópteros, dípteros y hemípteros
    b. Himenópteros y neurópteros
    c. Ácaros fitoseidos y abejas
    d. Carnívoros y frugívoros

9. ¿Qué comportamiento favorece la dispersión de una plaga en el campo?

    a. Permanecer en diapausa.
    b. Capacidad de vuelo y búsqueda activa de nuevos hospedadores.
    c. Reproducción lenta y localizada.
    d. Refugiarse de forma permanente en el suelo.

10. Indica si las siguientes oraciones son verdaderas o falsas:

    a. Los himenópteros parasitoides y los neurópteros son grupos beneficiosos en agricultura.

        ■ Verdadero
        ■ Falso

    b. Los ácaros fitófagos y los ácaros fitoseidos cumplen la misma función dentro del cultivo.

        ■ Verdadero
        ■ Falso

    c. El conocimiento del comportamiento y la dispersión permite anticipar brotes de plagas.

        ■ Verdadero
        ■ Falso

Identificación práctica de plagas y fauna beneficiosa

Contenido

1. Introducción
2. Elaboración de insectarios. Clasificación de órdenes. Equipos. Captura y acondicionamiento
3. Plaga. Concepto
4. Reconocimiento de daños y síntomas en las plantas
5. Identificación de la fauna perjudicial causante del daño
6. Fauna beneficiosa. Biología
7. Relación entre ciclo biológico y condiciones ambientales
8. Resumen

Objetivos

Los objetivos específicos de esta Unidad de Aprendizaje son:

→ Elaborar un insectario con los órdenes más característicos de la fauna agrícola.

→ Clasificar correctamente los ejemplares recogidos.

→ Detectar los síntomas y daños causados por la fauna perjudicial en los vegetales.

→ Relacionar los daños observados con la especie o grupo responsable.

→ Interpretar el ciclo biológico de la fauna perjudicial en función del ambiente y la fenología de las plantas.

1. Introducción

La presencia de fauna en los cultivos no siempre es evidente a simple vista. Muchos organismos pasan desapercibidos entre las hojas, bajo la superficie del suelo o en el envés de una planta, pero sus efectos pueden observarse en forma de manchas, perforaciones, deformaciones o retrasos en el crecimiento.

Para interpretar lo que ocurre en una parcela es necesario conocer cómo se comportan los principales grupos de plagas, qué señales dejan en la planta y cómo influyen factores como el clima, la humedad o la fenología del cultivo en su presencia. Al mismo tiempo, comprender el papel de la fauna beneficiosa —depredadores, parasitoides y polinizadores— resulta esencial para diferenciar entre organismos perjiciales y aliados naturales del ecosistema agrícola. De este modo, la observación, el análisis y la clasificación se convierten en herramientas clave para un manejo eficiente y sostenible.

A lo largo de esta unidad acompañaremos a Diego en sus primeras prácticas de identificación en campo. De la mano de su tutora, aprenderá a elaborar un insectario, reconocer daños característicos, distinguir plagas comunes y observar a los enemigos naturales que pueden equilibrar las poblaciones.

2. Elaboración de insectarios. Clasificación de órdenes. Equipos. Captura y acondicionamiento

 **HILO CONDUCTOR**

Diego acompaña a su tutora en una jornada de muestreo. Le entrega una red, varios frascos etiquetados y una pequeña lupa de mano. Mientras avanzan por la parcela, le explica que un técnico agrícola no solo observa a simple vista: debe recoger, conservar y estudiar cada organismo de forma rigurosa para poder identificarlo después.

Un **insectario** es una colección organizada de ejemplares de **insectos** y otros pequeños **invertebrados** recogidos en campo. Su función principal es ayudar a reconocer las especies que aparecen en los cultivos, comparar sus características y aprender a diferenciarlas.

Tener un insectario permite observar detalles que a simple vista pasan desapercibidos: colores, formas, antenas, patas, alas o el tipo de boca.

NOTA

Estos rasgos son fundamentales para identificar si un organismo puede causar daños en las plantas o si, por el contrario, forma parte de la fauna beneficiosa del cultivo.

Existen dos **tipos** principales de insectarios:

- **Insectario didáctico.** Se utiliza como apoyo educativo para reconocer órdenes, familias o grupos comunes en los cultivos. No requiere materiales complejos y suele incluir:

  - Ejemplares representativos.
  - Etiquetas sencillas (fecha, lugar y cultivo).
  - Observaciones básicas sobre el daño o el comportamiento.

- **Insectario científico.** Busca conservar ejemplares para investigaciones, revisiones del ciclo de vida o identificación detallada en laboratorio. Suele incluir:

  - Preparaciones más precisas y duraderas.
  - Información ampliada: altitud, clima, fase de desarrollo, método de captura.
  - Clasificación detallada por familias, géneros o especies.

2.1. Herramientas esenciales y métodos de recolección de ejemplares

Para elaborar un insectario no hace falta un equipo complejo, pero sí algunos elementos básicos.

A continuación, se expone el **material mínimo necesario:**

- **Redes entomológicas:** para capturar insectos en vuelo o sobre las plantas.
- **Pinzas finas:** para recoger ejemplares sin dañarlos.
- **Tubos y frascos pequeños:** para guardar organismos **temporalmente.**
- **Lupa de mano (10x-20x):** para observar detalles en campo.
- **Aspirador entomológico** *(pooter)*: para especies muy pequeñas.
- **Cajas entomológicas o bandejas rígidas:** para colocar los ejemplares de forma segura.

Con este material es suficiente para comenzar a trabajar en cualquier cultivo.

Además, existen varias **maneras de recoger ejemplares,** dependiendo del tipo de organismo y del lugar donde se encuentre:

Captura directa
- Se realiza a simple vista, utilizando la red o las manos con ayuda de pinzas. Es útil para orugas, escarabajos, crisálidas o insectos visibles en hojas y tallos.

Aspiradores entomológicos
- Permiten recoger organismos muy pequeños, como pulgones, trips o ácaros. Son seguros y evitan que el ejemplar se dañe durante la captura.

Trampas
- Pueden ser cromotrópicas (de colores), de embudo, de caída o alimentarias. Sirven para capturar insectos que no se ven fácilmente o que aparecen durante la noche.

Captura con luz
- Consiste en colocar luces o lámparas al anochecer para atraer insectos voladores. Es especialmente útil para polillas u otros insectos nocturnos.

NOTA

Cada técnica aporta información diferente y permite obtener ejemplos variados.

2.2. Identificación básica de órdenes comunes en la fauna agrícola

Es importante que, desde el inicio, sepamos reconocer los grupos más habituales en el campo. El insectario sirve precisamente para esto: observar rasgos visibles que ayudan a clasificar los ejemplares de forma sencilla.

A continuación, se describen los órdenes más característicos que se pueden encontrar en los cultivos y las pistas básicas para distinguirlos:

● **Orden lepidoptera (mariposas, polillas y orugas):**

○ Adultos: alas con escamas, colores variados, atraídos por la luz.
○ Larvas (orugas): cuerpo blando y alargado, mandíbulas masticadoras, dejan mordeduras irregulares en hojas.

Ejemplo: orugas que consumen hojas o polillas recogidas con luz.

● **Orden coleoptera (escarabajos y mariquitas):**

○ Alas anteriores duras ("élitros").
○ Cuerpo redondeado (mariquitas) o alargado (otros escarabajos).
○ Adultos muy visibles sobre hojas y tallos.

Ejemplo: mariquita adulta sobre una hoja con pulgones.

● **Orden hemiptera (pulgones, mosca blanca, chinches):**

○ Cuerpo pequeño y blando.
○ Piezas bucales suctoras (no visibles sin lupa, pero se aprecia el daño: melaza, amarilleo).
○ Muchos se agrupan: colonias de pulgón o ninfas de mosca blanca en el envés.

Ejemplo: pulgones en brotes tiernos o mosca blanca que vuela al mover la hoja.

● **Orden thysanoptera (trips):**

○ Muy pequeños, alargados y estrechos.
○ Se mueven rápido entre hojas y flores.
○ Producen manchas plateadas o raspado característico.

Ejemplo: trips en flores de calabacín o pimiento.

➲ **Ácaros (Arachnida, no son insectos):**

- Muy pequeños, difíciles de ver sin lupa.
- Ocho patas, a diferencia de los insectos (seis).
- Daños: punteado fino, hojas amarillentas, pequeñas telarañas.

Ejemplo: araña roja en el envés durante periodos secos.

➲ **Diptera (moscas, minadores en fase larvaria):**

- Los adultos parecen moscas comunes.
- Las larvas pueden crear galerías serpenteantes en las hojas con pequeños excrementos.

Ejemplo: minadores de hoja en hortalizas.

2.3. Conservación y etiquetado

Una buena **conservación** es fundamental para que el insectario dure y cumpla su función educativa. Además, cada ejemplar debe llevar una **etiqueta** pequeña con información mínima esencial.

A continuación, se resumen las pautas esenciales para la conservación y el etiquetado:

➲ **Conservación:**

- Los ejemplares frágiles pueden guardarse en alcohol al 70 %.
- Los insectos de mayor tamaño pueden montarse con alfileres entomológicos en una caja.
- Las alas, patas o antenas deben quedar visibles para facilitar la identificación.
- Es importante evitar golpes, humedad excesiva o exposición directa al sol.

➲ **Etiquetado:**

- Fecha de captura.
- Lugar (parcela, cultivo o coordenadas aproximadas).
- Método de captura (red, trampa, aspirador...).
- Observaciones (si había daño en la planta, en qué parte se encontraba, fase de desarrollo).

 **TAREA 3**

Estás realizando una salida de campo en un cultivo hortícola y has recogido tres organismos diferentes utilizando red entomológica, aspirador y captura directa. Tu tarea consiste en elaborar un pequeño insectario didáctico con estos ejemplares y clasificarlos según su orden y su función dentro del agroecosistema (perjudicial o beneficiosa).

A partir de la descripción de cada ejemplar, deberás identificar a qué orden pertenece, aplicar el etiquetado correcto y justificar su clasificación.

1. Lee las descripciones de los tres ejemplares recogidos en campo:

   · Ejemplar A: insecto pequeño, verde, cuerpo blando, con antenas cortas. Estaba agrupado en el envés de un brote tierno y presentaba melaza.
   · Ejemplar B: insecto con élitros duros de color rojo anaranjado con puntos negros. Adulto solitario sobre una hoja donde había pulgones.
   · Ejemplar C: larva alargada que aparecía dentro de una galería serpenteante dentro de una hoja. Se observaron pequeños excrementos oscuros en la línea de la galería.

2. Elabora un insectario didáctico básico con estos datos, completando:

   · Orden al que pertenece cada ejemplar.
   · Clasificación como fauna perjudicial o beneficiosa.
   · Etiqueta técnica (fecha, lugar, método de captura, parte de la planta y observaciones).

3. Responde las preguntas finales para justificar tus decisiones.

   · ¿A qué orden pertenece cada ejemplar (A, B y C) y por qué?
   · Clasifica cada organismo como fauna perjudicial o fauna beneficiosa.
   · Indica qué información mínima debe contener la etiqueta de cada ejemplar del insectario.
   · Explica qué técnica de captura sería la más apropiada para el ejemplar C si tuvieras que volver a recogerlo.
   · ¿Por qué es importante mantener visibles las alas, antenas y patas durante la conservación?

---

3. Plaga. Concepto

👉 HILO CONDUCTOR

Tras varios días de observación, Diego encuentra hojas con pequeñas perforaciones y brotes deformados. Se pregunta si realmente está ante una plaga o si solo se trata de fauna ocasional. Su tutora le explica que no todo organismo perjudicial constituye una plaga y que la clave está en comprender los umbrales de daño y los factores que favorecen la proliferación de determinadas especies.

- -

Una **plaga** es cualquier organismo que provoca daños o pérdidas significativas en un cultivo.

IMPORTANTE

No se trata solo de que un insecto o un ácaro esté presente, sino de que su población aumenta hasta un nivel que afecta al crecimiento, la calidad o la producción de la planta.

- -

El **umbral económico de daño** es el punto a partir del cual el coste de los daños supera al coste de aplicar una medida de control. En otras palabras, es el nivel de población a partir del cual resulta rentable intervenir.

Las plagas no surgen de forma aislada, sino que se desarrollan cuando coinciden condiciones favorables.

Algunos de los factores más importantes son:

- ⮞ **Temperatura elevada.** Acelera el ciclo de vida de muchos insectos.
- ⮞ **Humedad alta.** Favorece pulgones, babosas, mosca blanca o enfermedades asociadas.
- ⮞ **Monocultivo prolongado.** Permite que una misma especie se establezca sin interrupciones.
- ⮞ **Exceso de abonado nitrogenado.** Genera brotes tiernos muy atractivos para las plagas.

⮕ **Falta de enemigos naturales.** El uso indiscriminado de insecticidas puede eliminar fauna beneficiosa.

⮕ **Presencia de malas hierbas o restos de cultivo.** Actúan como refugio o puente para ciertas especies.

Cuando estos factores coinciden, las poblaciones perjudiciales pueden multiplicarse rápidamente.

 **VÍDEO**

En el siguiente vídeo se explica de manera práctica y visual cuáles son las cinco plagas más comunes que afectan a las plantas y a los huertos domésticos y ofrece remedios caseros ecológicos para controlarlas sin necesidad de productos químicos.

Accede al vídeo desde aquí:

https://redirectoronline.com/0409020201

3.1. Plagas polífagas. Clasificación. Biología. Síntomas. Daños

Las **plagas polífagas** son aquellas que pueden alimentarse de **muchas especies vegetales distintas,** lo que les permite desplazarse fácilmente entre cultivos y mantenerse activas durante gran parte del año.

A continuación, se resumen sus **características** principales:

⮕ **Clasificación:**

◊ Según grupo zoológico: insectos, ácaros, nematodos, etc.
◊ En campo se identifican sobre todo por:

⇕ Tipo de alimentación
⇕ Capacidad para colonizar múltiples plantas

➲ Biología:

◑ Ciclos rápidos y alta capacidad reproductiva.
◑ Fácil dispersión dentro y entre cultivos.
◑ Ejemplos típicos:

⇕ Pulgones *(Hemiptera)*
⇕ Mosca blanca *(Aleyrodidae)*
⇕ Araña roja *(Tetranychidae)*

◑ Pueden superar umbrales de daño en poco tiempo si el clima es favorable.

➲ Síntomas:

◑ Decoloraciones en hojas
◑ Hojas enrolladas
◑ Punteaduras
◑ Presencia de melaza
◑ Debilitamiento general
◑ Transmisión de virosis

➲ Daños:

◑ Pérdida de vigor
◑ Reducción del crecimiento
◑ Caída prematura de hojas
◑ Disminución del rendimiento
◑ Necesitan seguimiento constante para aplicar medidas de manejo adecuadas.

3.2. Plagas específicas. Clasificación. Biología. Síntomas. Daños

Las **plagas específicas** son aquellas que atacan una especie vegetal concreta o un grupo reducido de plantas afines.

A continuación, se resumen sus **características** principales:

⮑ **Clasificación:**

  ↻ Basada en:

    ⇕ Planta hospedadora
    ⇕ Tipo de daño característico

  ↻ Ejemplos de plagas específicas:

    ⇕ Polilla del tomate (Tuta absoluta)
    ⇕ Mosca del olivo *(Bactrocera oleae)*
    ⇕ Psila del peral *(Cacopsylla pyri)*

⮑ **Biología:**

  ↻ Adaptación a un huésped concreto.
  ↻ Ciclo biológico ligado a la fenología del cultivo.
  ↻ Las fases (huevo, larva, adulto) coinciden con los momentos de mayor vulnerabilidad de la planta.
  ↻ Mayor capacidad de causar daño en periodos críticos.

⮑ **Síntomas:**

  ↻ Galerías internas en hojas.
  ↻ Perforaciones específicas en frutos.
  ↻ Deformaciones en brotes tiernos.
  ↻ Exudados o secreciones que favorecen hongos secundarios.

⮑ **Daños:**

  ↻ Afectan directamente a la producción comercializable.
  ↻ Deterioro de frutos, brotes y flores.
  ↻ Pérdida de calidad y disminución del rendimiento.
  ↻ Requieren seguimiento detallado y control adaptado al ciclo del cultivo.

4. Reconocimiento de daños y síntomas en las plantas

👉 HILO CONDUCTOR

En un invernadero, Diego observa hojas moteadas, manchas plateadas y frutos dañados. No encuentra insectos visibles, pero su tutora le recuerda que en agricultura muchas veces "habla el daño antes que la plaga". Reconocer síntomas —galerías, punteados, mordeduras, presencia de melaza o deformaciones— es la primera pista para saber qué organismo está actuando incluso cuando no se ve.

Los **daños en las plantas** pueden adoptar formas diferentes según el tipo de organismo que los provoca.

Reconocerlos es clave para identificar la plaga responsable:

➲ **Mordeduras.** Son daños producidos por insectos masticadores, como orugas o escarabajos.

   ◊ Dejan agujeros irregulares, cortes en bordes de hojas o pérdida parcial del tejido vegetal.
   ◊ Suelen ser visibles a simple vista.

➲ **Succión.** Provocada por insectos con piezas bucales perforadoras y suctoras, como pulgones, mosca blanca o cochinillas.

   ◊ Genera manchas amarillentas, deformaciones, hojas enrolladas y presencia de melaza pegajosa.

➲ **Raspado.** Típico de trips y algunos ácaros.

   ◊ Aparece como manchas plateadas, puntos decolorados o un aspecto rugoso en la superficie de la hoja.

➲ **Galerías.** Causadas por larvas minadoras que viven dentro del tejido de las hojas o frutos.

   ◊ Forman túneles serpenteantes con excrementos internos que se aprecian como pequeños puntos oscuros.

⮑ **Punteado.** Característico de ácaros fitófagos, especialmente la araña roja.

    ◉ Se observa como puntos muy finos y dispersos que van amarilleando la hoja desde el borde hacia el interior.

    ◉ A veces se acompañan de telarañas finas en el envés.

Además de observar el tipo de lesión, resulta fundamental identificar en qué parte de la planta aparece el **daño.**

Cada órgano afectado ofrece pistas valiosas sobre la plaga responsable y ayuda a orientar el diagnóstico:

⮑ **Daños en hojas:**

    ◉ Agujeros irregulares: orugas.

    ◉ Punteado fino: araña roja.

    ◉ Manchas plateadas: trips.

    ◉ Galerías internas: minadores.

    ◉ Amarilleo y melaza: pulgones o mosca blanca.

⮑ **Daños en tallos:**

    ◉ Perforaciones o aserrín interno: taladros (como Sesamia en maíz).

    ◉ Fisiopatías por succión: chinches.

⮑ **Daños en frutos:**

    ◉ Picaduras y manchas hundidas: mosca de la fruta.

    ◉ Frutos deformados: succión de pulgones en etapas tempranas.

    ◉ Galerías internas: larvas de lepidópteros (por ejemplo, polilla del racimo).

⮑ **Daños en raíces:**

    ◉ Mordeduras en raíces finas: gusanos de alambre o larvas de escarabajos.

    ◉ Nódulos o agallas: nematodos.

    ◉ Flojedad y marchitez: ataque de larvas subterráneas o daños en cuello de la planta.

ACTIVIDAD 3

Diego revisa varias plantas de un cultivo hortícola y observa que algunas hojas presentan un punteado muy fino y amarillento que avanza desde los bordes hacia el interior. En el envés encuentra restos de pequeñas telarañas. No hay insectos visibles a simple vista.

Según los síntomas descritos, ¿qué tipo de organismo es el más probable responsable del daño?

----

5. Identificación de la fauna perjudicial causante del daño

☞ HILO CONDUCTOR

Con su cuaderno lleno de anotaciones, Diego comienza a identificar patrones: daños que aparecen solo en zonas sombreadas, mordidas irregulares típicas de orugas, manchas cloróticas compatibles con pulgón o mosca blanca. Su tutora le enseña a combinar observación directa con el análisis indirecto de síntomas y a utilizar el insectario como herramienta de contraste.

Para saber qué organismo está causando un daño en la planta, es importante combinar distintos **métodos de observación.**

No siempre se ve la plaga a simple vista, por lo que el diagnóstico debe hacerse con paciencia y atención al detalle:

○ **Métodos directos.** Permiten observar el organismo de manera visible sobre la planta.
Incluyen:

   ↻ Revisión visual del cultivo: hojas, tallos, envés, brotes y flores.

- Uso de lupa de mano: especialmente útil para ácaros, larvas pequeñas o huevos.
- Captura con red y análisis posterior: para insectos que vuelan o se esconden.
- Sacudida sobre una bandeja blanca: ayuda a detectar trips, pulgones o pequeños escarabajos.

Este método es útil cuando los organismos están activos y presentes en superficie.

- **Métodos indirectos.** Se utilizan cuando no es posible ver directamente a la plaga.
Incluyen:

- Análisis de daños: revisar mordeduras, punteados, galerías o deformaciones.
- Búsqueda de rastros: melaza, telarañas, excrementos, serrín o mudas.
- Uso de trampas: cromotrópicas, de luz, de feromonas o de caída.
- Observación del comportamiento de la planta: marchitez, crecimiento detenido, caída de hojas.

La observación indirecta es esencial para especies nocturnas, minadoras o muy pequeñas.

La relación entre el tipo de daño y la especie responsable es fundamental, ya que cada plaga deja huellas características que permiten identificarla incluso cuando no está presente.

Además, reconocer estos patrones ayuda a determinar si el ataque es reciente o si la plaga lleva más tiempo actuando en el cultivo:

- **Orugas (lepidópteros):**

  - **Daño:** mordeduras irregulares, agujeros grandes, hojas comidas desde el borde.
  - **Rastro:** excrementos oscuros (pequeñas bolitas).

- **Pulgones:**

  - **Daño:** succión de savia que produce hojas amarillas, enrolladas y presencia de melaza pegajosa.
  - **Rastro:** hormigas asociadas o aparición de negrilla (hongo negro sobre melaza).

➲ **Trips:**

◉ **Daño:** manchas plateadas, raspado superficial, puntos negros (excrementos).
◉ **Rastro:** deformaciones en hojas jóvenes y pétalos.

➲ **Mosca blanca:**

◉ **Daño:** amarilleo generalizado, debilitamiento y abundante melaza.
◉ **Rastro:** pequeños adultos blancos que vuelan al sacudir la hoja.

➲ **Ácaros (como araña roja):**

◉ **Daño:** punteado fino, hojas amarillentas y secas, telarañas finas en envés.
◉ **Rastro:** mayor presencia en zonas calurosas y secas.

➲ **Taladros y barrenadores:**

◉ **Daño:** perforaciones en tallos o frutos, presencia de serrín interno, marchitez súbita.
◉ **Rastro:** galerías internas y apertura de agujeros de salida.

 **ACTIVIDAD 4**

Durante una inspección en un cultivo de judía verde, Diego observa lo siguiente:

- Las hojas jóvenes presentan manchas plateadas irregulares.
- Sobre la superficie se aprecian pequeños puntos negros (excrementos).
- Las hojas afectadas muestran cierta deformación y un aspecto rugoso.
- Al sacudir la planta sobre una bandeja blanca caen pequeños organismos alargados y muy rápidos.

Con esta información, ¿qué fauna perjudicial de las siguientes es la responsable del daño observado?

Continúa en página siguiente >>

<< Viene de página anterior

- **Pulgones que succionan savia y dejan melaza en el envés.**
- **Trips que causan raspado superficial y manchas plateadas en hojas tiernas.**
- **Orugas masticadoras que generan agujeros irregulares y excrementos visibles.**
- **Ácaros fitófagos que producen punteado muy fino y telarañas en el envés.**

---

6. Fauna beneficiosa. Biología

☞ HILO CONDUCTOR

Mientras revisa una colonia de pulgones, Diego se sorprende al observar varias larvas de mariquita alimentándose rápidamente. Hasta ahora pensaba que los depredadores eran siempre adultos. A través de estas experiencias, aprende a reconocer las fases juveniles de enemigos naturales —crisopas, ácaros fitoseidos, avispas parasitoides— y descubre cómo influyen en la regulación natural de las plagas.

En los cultivos existe un conjunto de organismos que actúan como **aliados naturales** porque se alimentan de plagas o ayudan a mantener el equilibrio ecológico.

Entre los más importantes se encuentran:

Mariquitas
- Tanto las larvas como los adultos consumen grandes cantidades de pulgones, cochinillas y otros insectos pequeños.
- Son fáciles de reconocer por su color rojo o naranja con manchas negras.

Crisopas
- Sus larvas son depredadoras muy activas, conocidas como "leones de los pulgones".
- Se alimentan de pulgones, trips, cochinillas y huevos de plagas.

Avispas parasitoides
- Depositan sus huevos dentro o sobre insectos plaga (pulgones, orugas, mosca blanca...).
- La larva se desarrolla en el interior de la plaga, controlando la población de forma natural.

Estas especies forman parte esencial del control biológico porque regulan las poblaciones perjudiciales sin necesidad de productos químicos.

El **control biológico** se basa en favorecer la presencia y la actividad de estos organismos beneficiosos.

Para ello se utilizan tres estrategias principales:

➲ **Conservación.** Se centra en proteger la fauna beneficiosa que ya está presente en el cultivo. Incluye prácticas como:

  ۵ Reducir tratamientos que puedan eliminar depredadores y parasitoides.
  ۵ Mantener refugios naturales y evitar la eliminación de toda la cubierta vegetal.
  ۵ Respetar setos, lindes y zonas de biodiversidad.

➲ **Liberación.** Consiste en introducir enemigos naturales criados en laboratorio.
  Es habitual en invernaderos y cultivos intensivos donde las plagas aparecen con frecuencia.
➲ **Manejo del hábitat.** Busca mejorar el entorno para que las especies beneficiosas se establezcan y actúen de forma continuada.
  Incluye:

  ۵ Plantar flores auxiliares que aporten néctar y polen.
  ۵ Crear refugios y zonas de sombra.
  ۵ Mantener diversidad vegetal alrededor del cultivo.

7. Relación entre ciclo biológico y condiciones ambientales

☞ HILO CONDUCTOR

Con la llegada del calor, Diego observa un aumento repentino de trips y pulgones. Al mismo tiempo, algunas plagas desaparecen por completo después de una semana lluviosa. Su tutora le explica que cada especie sigue un ciclo biológico estrechamente ligado a la temperatura, la humedad y la fenología del cultivo.

La mayoría de los insectos y ácaros siguen un **ciclo biológico** dividido en varias fases.

Conocerlas es fundamental para detectar el momento en el que causan más daño:

- **Huevo.** Suele encontrarse en el envés de las hojas, en grietas del tallo o en el suelo.
- **Larva o ninfa.** Es la fase más activa y, en muchos casos, la más dañina:

    - Larvas (metamorfosis completa): orugas, escarabajos, mosca del olivo.
    - Ninfas (metamorfosis incompleta): pulgones, trips, chinches.

- **Pupa.** Etapa de transformación. No suele causar daño, pero es clave para prever emergencias de adultos.
- **Adulto.** Se encarga de reproducirse y dispersarse. En algunos casos también provoca daños (por ejemplo, escarabajos o mosca blanca).

Además, las **condiciones del entorno** influyen directamente en el ritmo de desarrollo de las plagas:

Temperatura
- El calor acelera la reproducción y el movimiento de muchas especies.
- El frío ralentiza el ciclo biológico o incluso detiene la actividad.

Humedad
- Los ácaros fitófagos (como araña roja) disminuyen con humedad elevada.
- Los pulgones y la mosca blanca prosperan con humedad moderada.

Viento
- Puede dispersar plagas ligeras, como adultos de pulgón o mosca blanca.
- También puede dificultar el movimiento de especies pesadas o de vuelo débil.

Lluvia
- Reduce poblaciones de plagas expuestas (por ejemplo, trips o ácaros).
- Puede arrastrar huevos, lavar melaza o eliminar insectos muy pequeños.
- Favorece, en cambio, la aparición de hongos que afectan a plagas como pulgones.

TAREA 4

Durante una semana de observación en un cultivo hortícola, se registraron cambios en la presencia de diferentes plagas. Unos días fueron cálidos y secos, otros frescos y muy húmedos, coincidiendo, además, con el inicio de la floración del cultivo. Con estos datos, debes interpretar cómo influyen la temperatura, la humedad y la fase de desarrollo de la planta en las poblaciones de pulgón, araña roja y trips.

- Explica cómo pudo afectar el calor al desarrollo del pulgón durante los días cálidos y sin viento.
- Describe qué ocurrió previsiblemente con la araña roja tras varios días de humedad elevada.
- Interpreta por qué los brotes y flores resultaron especialmente sensibles a los trips durante la floración.

8. Resumen

La identificación práctica de plagas y fauna beneficiosa se basa en observar los organismos presentes en el cultivo, los daños que producen y las condiciones ambientales que influyen en su desarrollo. Para ello se utiliza el **insectario,** una colección organizada de ejemplares que permite comparar características como forma, color, antenas, patas, alas y tipo de boca.

Los grupos **biológicos más habituales** que un técnico agrícola debe saber reconocer en campo para identificar plagas y enemigos naturales son los siguientes:

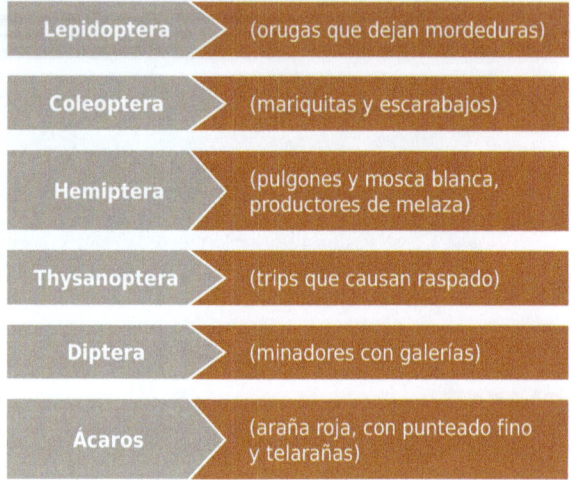

Lepidoptera	(orugas que dejan mordeduras)
Coleoptera	(mariquitas y escarabajos)
Hemiptera	(pulgones y mosca blanca, productores de melaza)
Thysanoptera	(trips que causan raspado)
Diptera	(minadores con galerías)
Ácaros	(araña roja, con punteado fino y telarañas)

Una plaga es un organismo cuya población causa daños relevantes, superando el umbral económico de daño. Su aparición se ve favorecida por calor, humedad alta o baja según la especie, monocultivo, exceso de nitrógeno, ausencia de enemigos naturales y presencia de malas hierbas.

Los daños se clasifican en **mordeduras, succión, raspado, galerías y punteado,** y la parte de la planta afectada (hojas, tallos, frutos o raíces) orienta el diagnóstico. La identificación puede hacerse a través de dos tipos de métodos:

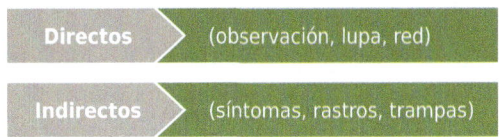

La fauna beneficiosa —mariquitas, crisopas y avispas parasitoides— ayuda a controlar plagas mediante conservación, liberación o manejo del hábitat. Finalmente, las plagas siguen un ciclo biológico (huevo, larva/ninfa, pupa, adulto) influido por temperatura, humedad, lluvia, viento y estado del cultivo.

Ejercicios de autoevaluación
Unidad de Aprendizaje 2

1. ¿Cuál es la función principal de un insectario en prácticas agrícolas?

    a. Decorar el aula con insectos de diferentes colores.
    b. Evitar la presencia de fauna en el campo.
    c. Conservar ejemplares para observar rasgos y facilitar su identificación.
    d. Sustituir las técnicas de muestreo en campo.

2. ¿Qué orden corresponde a insectos con élitros duros como las mariquitas?

    a. Diptera
    b. Hemiptera
    c. Coleoptera
    d. Thysanoptera

3. ¿Cuál de las siguientes técnicas se utiliza para recoger insectos pequeños y rápidos?

    a. Red entomológica
    b. Aspirador entomológico
    c. Captura directa
    d. Extracción de raíces

4. Indica si las siguientes oraciones son verdaderas o falsas:

    a. El insectario ayuda a identificar órdenes mediante la observación detallada de antenas, patas y alas.

        ■ Verdadero
        ■ Falso

    b. El etiquetado no es necesario si los ejemplares son fáciles de reconocer a simple vista.

        ■ Verdadero
        ■ Falso

c. La captura directa consiste en recoger manualmente el orga-nismo o la parte de planta donde se encuentra.

- ■ Verdadero
- ■ Falso

5. ¿Qué afirmación define correctamente el concepto de plaga?

a. Cualquier insecto visible en un cultivo.
b. Organismo cuya población produce daños significativos en la planta.
c. Fauna ocasional sin impacto económico.
d. Cualquier organismo que vive en hojas o brotes.

6. ¿Qué síntoma es característico de la succión realizada por pulgones o mosca blanca?

a. Galerías internas
b. Mordeduras grandes
c. Raspado irregular
d. Presencia de melaza y deformaciones

7. Indica si las siguientes oraciones son verdaderas o falsas:

a. Las galerías serpenteantes dentro de la hoja son típicas de larvas minadoras.

- ■ Verdadero
- ■ Falso

b. El punteado amarillento acompañado de telas suele indicar presencia de trips.

- ■ Verdadero
- ■ Falso

c. Las mordeduras grandes e irregulares suelen ser compatibles con daños causados por orugas.

- ■ Verdadero
- ■ Falso

8. ¿Cuál es un ejemplo de fauna beneficiosa en los cultivos?

    a. Minadores foliares
    b. Ácaros tetraníquidos
    c. Crisopas y mariquitas
    d. Orugas defoliadoras

9. ¿Qué condición ambiental favorece la multiplicación de la araña roja?

    a. Humedad alta y lluvias continuas
    b. Viento fuerte y días fríos
    c. Temperaturas cálidas y ambiente seco
    d. Sombreado intenso y suelos húmedos

10. Indica si las siguientes oraciones son verdaderas o falsas:

    a. El calor acelera el desarrollo de muchas plagas, aumentando el número de generaciones.

        ■ Verdadero
        ■ Falso

    b. La humedad elevada reduce habitualmente las poblaciones de araña roja.

        ■ Verdadero
        ■ Falso

    c. Los trips suelen causar más daño durante etapas de floración porque los tejidos son más tiernos.

        ■ Verdadero
        ■ Falso

Glosario

Control biológico
Estrategia de manejo integrada que utiliza enemigos naturales para regular poblaciones de plagas sin recurrir exclusivamente a pesticidas.

Depredadores naturales
Animales que se alimentan de plagas agrícolas, reduciendo su población. Ejemplos: mariquitas, crisopas o arañas.

Enemigos naturales
Término general que incluye depredadores, parasitoides y patógenos que limitan el desarrollo de plagas.

Fauna auxiliar
Conjunto de organismos animales que ayudan a mantener el equilibrio del ecosistema agrícola controlando plagas de forma natural.

Fauna del suelo
Organismos que viven en el suelo y contribuyen a su fertilidad o, en algunos casos, generan daños en raíces. Incluye lombrices, nematodos o coleópteros.

Insectos fitófagos
Insectos que se alimentan de tejido vegetal, causando daños directos al cultivo. Ejemplo: orugas, pulgones o mosca blanca.

Insectos saprófagos
Especies que se alimentan de materia orgánica en descomposición. Mejoran la estructura del suelo y la disponibilidad de nutrientes.

Nematodos entomopatógenos
Nematodos beneficiosos que infectan insectos plaga y los eliminan mediante bacterias simbióticas.

Ovípodos o pseudópodos depredadores
Organismos que depositan huevos en lugares estratégicos donde sus larvas consumirán plagas. Muy común en algunas especies de crisópidos.

Parásitos entomófagos
Insectos parásitos que completan parte de su ciclo vital dentro o sobre otros insectos plaga, provocando su muerte. Ejemplo: avispas parasitoides.

Plaga agrícola
Especie animal cuya población causa daños económicos o sanitarios en un cultivo, reduciendo su rendimiento o calidad.

Plaga secundaria
Especie que normalmente está controlada por la fauna auxiliar, pero que puede convertirse en plaga tras usos intensivos de pesticidas o desequilibrios en el ecosistema.

Polinizadores
Fauna beneficiosa que transporta polen entre flores y facilita la fecundación. Incluye abejas, abejorros y ciertos sírfidos.

Umbral económico de daño (UED)
Nivel de presencia de una plaga a partir del cual los daños superan el coste del control, justificando la intervención.

Vector biológico
Organismo que transmite patógenos entre plantas. Los pulgones y trips son vectores habituales de virus y enfermedades.

Vegetación espontánea
Conjunto de plantas que crecen sin haber sido sembradas, adaptadas de forma natural a las condiciones del suelo y del clima del lugar.

Bibliografía

Monografías

→ CORTÉS Caminero, F., & CORTÉS Sánchez, F.: *Los secretos de la flora y la fauna en España*. Granada: Torres Editores, 2022.

> Este libro está pensado para divulgar el valor ecológico de la flora y la fauna españolas, recogiendo vivencias y conocimientos que el autor ha recopilado a lo largo de décadas. A través de ejemplos históricos y relatos de campo, describe procesos como la repoblación forestal, la vida de los carboneros, los cambios en el uso del territorio y las curiosidades de especies emblemáticas como el águila imperial o el lobo.

→ QUINTANO Sánchez, J.: *Insectos que ayudan al huerto y vergel ecológicos: Conocer, atraer, alojar, conservar...* Navarra: Fertilidad de la Tierra, 2022.

> Este libro explica qué insectos beneficiosos aparecen de manera natural en huertos, jardines y vergeles, y cómo contribuyen a proteger, polinizar y equilibrar el cultivo. La guía combina explicaciones sencillas con macrofotografías que facilitan la identificación de fauna auxiliar y ofrece recomendaciones prácticas para crear un entorno que favorezca su presencia.

Textos electrónicos

→ El fuego bacteriano de las rosáceas (Erwinia amylovora), de: <https://www.mapa.gob.es/dam/mapa/contenido/agricultura/temas/sanidad-vegetal/publicaciones/erwinia-baja.pdf>.

> Este documento técnico, elaborado por especialistas del CITA y el Centro de Protección Vegetal del Gobierno de Aragón, ofrece una explicación completa sobre el fuego bacteriano, una enfermedad grave causada por *Erwinia amylovora* que afecta a diversas rosáceas de importancia agrícola. A lo largo del manual se describen los síntomas característicos, el ciclo biológico de la bacteria, las vías de dispersión y las condiciones que favorecen su desarrollo.

→ Fauna y flora: Inventario español del patrimonio natural y de la biodiversidad, de: <https://www.miteco.gob.es/content/dam/miteco/es/biodiversidad/temas/inventarios-nacionales/inventario-espanol-patrimonio-natural-biodiv/informe-anual/flora_fauna_tcm30-207706.pdf>.

Este documento reúne los apartados del *Inventario español del patrimonio natural y de la biodiversidad* relacionados con la flora y fauna, incluyendo la información sobre la distribución, abundancia y estado de conservación de especies marinas y terrestres. Integra los inventarios nacionales de especies terrestres y marinas, así como los listados oficiales que catalogan a aquellas especies que requieren un régimen de protección especial por encontrarse en situación de amenaza.